Lecture Notes in Mathematics

Edited by A. Dold and B. Eckmann

Subseries: Mathematisches Institut der Universität Bonn
Adviser: F. Hirzebruch

988

Joachim Schwermer

Kohomologie arithmetisch definierter Gruppen und Eisensteinreihen

Springer-Verlag
Berlin Heidelberg New York Tokyo 1983

Autor

Joachim Schwermer
Mathematisches Institut, Universität Bonn
Wegelerstraße 10, 5300 Bonn 1
Federal Republic of Germany

AMS Subject Classifications (1980): 22E40, 10D20, 10D07, 10D40, 20G30, 20H05

ISBN 3-540-12292-3 Springer-Verlag Berlin Heidelberg New York Tokyo
ISBN 0-387-12292-3 Springer-Verlag New York Heidelberg Berlin Tokyo

CIP-Kurztitelaufnahme der Deutschen Bibliothek

Schwermer, Joachim:
Kohomologie arithmetisch definierter Gruppen und Eisensteinreihen /
Joachim Schwermer. – Berlin; Heidelberg; New York; Tokyo: Springer, 1983.
(Lecture notes in mathematics; Vol. 988)
ISBN 3-540-12292-3 (Berlin, Heidelberg, New York, Tokyo)
ISBN 0-387-12292-3 (New York, Berlin, Heidelberg, Tokyo)
NE: GT

Printed in Germany

Printing and binding: Beltz Offsetdruck, Hemsbach/Bergstr.
2146/3140-543210

INHALT

EINLEITUNG

Im Mittelpunkt dieser Arbeit steht das Studium der Kohomologie arithmetisch definierter Gruppen und des Zusammenhangs dieser Kohomologie-Räume mit der Theorie der automorphen Formen, dort insbesondere der Theorie der Eisensteinreihen wie sie von Selberg und Langlands entwickelt wurde.

Sei Γ eine torsionsfreie arithmetische Untergruppe einer zusammenhängenden reduktiven algebraischen $\mathbb{Q}$-Gruppe $\underline{G}$ mit $\text{Rang}_{\mathbb{Q}}\, \underline{G} > 0$ und ohne nicht-trivialen Charakter über $\mathbb{Q}$, und bezeichne mit E den komplexen Vektorraum einer irreduziblen endlich-dimensionalen rationalen Darstellung der Gruppe $\underline{G}(\mathbb{R}) = G$ der reellen Punkte von $\underline{G}$. Die reelle Liegruppe G operiert auf dem zugehörigen symmetrischen Raum $X = G/K$ von G durch eine maximalkompakte Untergruppe K resp. auf dem Raum $\Omega^*(X;E)$ der E-wertigen Differentialformen auf X. Die Eilenberg-MacLane Kohomologiegruppen $H^*(\Gamma;E)$ können dann mit der Kohomologie $H^*(\Gamma,X;E)$ des Komplexes $\Omega^*(X,E)^{\Gamma}$ der Γ-invarianten Elemente in $\Omega^*(X,E)$ resp. der singulären Kohomologie $H^*(\Gamma\backslash X;E)$ mit Werten in dem durch E bestimmten lokalen Koeffizientensystem identifiziert werden.

Es ist nun von Interesse, diese Kohomologiegruppen von verschiedenen Standpunkten aus zu bestimmen und zu erklären (cf. [9]). Der in dieser Arbeit im Vordergrund stehende Aspekt ist der Versuch, mit Hilfe der Theorie der Eisensteinreihen die Kohomologie von Γ "im Unendlichen" zu beschreiben. Zu diesem Zweck geht man von der Borel-Serre Kompaktifizierung $\Gamma\backslash\overline{X}$ des lokalsymmetrischen Raumes $\Gamma\backslash X$ aus. Die Seiten $e'(P)$ der Mannigfaltigkeit mit Ecken $\Gamma\backslash\overline{X}$ entsprechen eineindeutig den Γ-Konjugationsklassen von rationalen parabolischen Untergruppen P von G. Man studiert in einem ersten Ansatz dann die verschiedenen natürlichen Restriktionen

$$(1) \qquad r_P^* \; : \; H^*(\Gamma;E) \;=\; H^*(\Gamma\backslash\overline{X};E) \;\rightarrow\; H^*(e'(P),E)$$

der Kohomologie von Γ auf die Kohomologie einer Seite $e'(P)$ und versucht mittels Eisensteinreihen, die in natürlicher Weise Klassen in $H^*(e'(P),E)$ zugeordnet sind, Kohomologieklassen in $H^*(\Gamma\backslash\bar{X},E)$ zu konstruieren, und gleichzeitig damit einen Schnitt zu diesen Restriktionen r_P^* (oder geeigneten Familien davon). Dieser Ansatz geht auf Arbeiten von Harder ([25] - [28]) für Gruppen vom $\mathbb{Q}$-Rang 1 zurück. Ist $r^* : H^*(\Gamma\backslash\bar{X},E) \to H^*(\partial(\Gamma\backslash\bar{X}),E)$ die natürliche Restriktion der Kohomologie von $\Gamma\backslash\bar{X}$ auf die Kohomologie des Randes der Borel-Serre Kompaktifizierung, so strebt man auf diese Weise eine Bestimmung des Bildes von r^* und gleichzeitig durch die Erstellung solcher Eisensteinkohomologieklassen bezüglich Γ die Konstruktion eines natürlichen Schnittes von r^* an. Da diese Kohomologieklassen insbesondere durch automorphe Formen repräsentiert werden, erhofft man sich, grob gesagt, letztendlich also eine vollständige strukturelle Beschreibung eines natürlichen Komplementes zum Kern von r^* in $H^*(\Gamma\backslash\bar{X};E)$ (oder zumindest eines wesentlichen Teils davon, cf. 1.11.). Durch die Einschachtelung $H^*_{cusp}(\Gamma,X;E) \subseteq \mathrm{kern}\ r^* \subseteq H^*_{(2)}(\Gamma,X;E)$ von $\ker r^*$ zwischen die cuspidale Kohomologie (cf. 1.6.) und den Raum der Klassen, die durch eine quadratintegrierbare geschlossene Form repräsentierbar sind, hat man bereits eine hinreichende Interpretation von $\mathrm{kern}\ r^*$ durch das cuspidale resp. diskrete Spektrum in $L^2(\Gamma\backslash G)$, i.e. durch automorphe Formen. Da die Untersuchung des diskreten Spektrums ein sehr schwieriges Problem darstellt, ist dies natürlich nur eine relative Information. Zusammenfassend erhielte man somit jedoch eine natürliche Beschreibung der Kohomologie arithmetisch definierter Gruppen im Rahmen der Theorie automorpher Formen. Bekannt ist dies bisher jedoch nur für Gruppen vom $\mathbb{Q}$-Rang 1 (Harder [25], [26]). Das Interesse an der Kohomologie $H^*(\Gamma,X;E)$ und an einer solchen Beschreibung ist durch tiefe zahlentheoretische Anwendungen und Vermutungen begründet (cf. [38], [28]), auf die wir hier nicht weiter eingehen wollen.

Die vorliegende Arbeit will in mehrfacher Hinsicht einen Beitrag zu dem angesprochenen Problemkreis leisten.

1. Konstruktion von Eisensteinkohomologieklassen. Es ist das erste Ziel, das Rüstzeug zur Konstruktion von Eisensteinkohomologieklassen in möglichst großer Allgemeinheit zu erarbeiten, i.e. die Bedingungen präzise zu bestimmen, unter denen die einer cuspidalen Differentialform auf einer Seite $e'(P)$ (oder allgemeiner einer diskreten Form im Sinne von 3.2.) in Abhängigkeit von einem komplexen Parameter Λ zugeordnete Eisensteinreihe $E(\phi,\Lambda)$ eine geschlossene, harmonische Differentialform auf $\Gamma\backslash X$ und darüberhinaus eine nicht-triviale Kohomologieklasse in $H^*(\Gamma\backslash X,E)$ liefert. Dies ist der Inhalt der Paragraphen 1 - 4 mit dem abschließenden Theorem 4.11. Die dahinterstehende Idee geht auf G. Harder [25], [26] zurück und wurde von mir weiterverfolgt in [48], [49], [50]. Die stärkere Verknüpfung (cf. [20]) der Kohomologie diskreter Gruppen mit der Theorie der Darstellungen reduktiver Gruppen hat auch in den letzten Jahren zu einem besseren Verständnis der Konstruktion geführt. Dies wurde auch unabhängig von A. Borel (cf. den Überblick [14]) gesehen. In der Ausarbeitung von § 1 - 4 wird versucht, die darstellungstheoretischen wie analytischen Aspekte parallel aufzuzeigen und zu verbinden sowie dem Mangel an einer präzisen Darlegung der Konstruktion abzuhelfen, wie sie z. B. für die weiterführenden Untersuchungen dieser Arbeit unabdingbar ist.

a. Eisensteinreihen. Der Konstruktionsprozess kann, im wesentlichen, wie folgt beschrieben werden: Sei P eine parabolische $\mathbb{Q}$-Untergruppe von G, $P \neq G$, N ihr unipotentes Radikal, und bezeichne mit M den Quotienten P/N. Die zur Γ-Konjugationsklasse von P gehörende Seite $e'(P)$ im Rand der Borel-Serre Kompaktifizierung ist dann gefasert über einem arithmetischen Quotienten $\Gamma_M\backslash Z_M$ des zu ${}^oM$ gehörenden symmetrischen Raumes mit Faser die kompakte Nilmannigfaltigkeit $(\Gamma \cap N)\backslash N$. Die Kohomologiespektralsequenz dieser Faserung degeneriert i.e. man hat (zurückgehend auf ein Ergebnis von Harder [26])

$$(2) \qquad H^*(e'(P),E) = H^*(\Gamma_M\backslash Z_M, H^*((\Gamma \cap N)\backslash N,E)) \quad .$$

Wir heben dann eine Differentialform ϕ auf $e'(P)$ im § 3 zu einer Familie ϕ_Λ von Formen auf $\Gamma \cap P\backslash X$ hoch, die von einem komplexen Parameter $\Lambda \in \underline{a}^*_{\mathbb{C}}$, i.e. von einer komplexwertigen Linearform auf der Liealgebra $\underline{a}$ einer fixierten zerfallenden Komponente A von P , abhängt. Wir bestimmen anschließend (3.5., 3.8.) für welche Werte von Λ die konstruierten Differentialformen ϕ_Λ geschlossen resp. harmonisch sind.

Im nächsten Schritt (§ 4) wird dann einer Kohomologieklasse $[\phi]$ in $H^*(e'(P),E)$, die durch eine harmonische quadratintegrierbare Differentialform repräsentiert wird und die, grob gesagt, zu einer automorphen Darstellung π im diskreten Spektrum $L^2_{dis}(\Gamma_M\backslash {}^oM)$ korrespondiert, via $\phi_\Lambda \in \Omega^*(\Gamma \cap P\backslash X,E)$ durch den üblichen Summationsprozess über die Nebenklassen $\Gamma \cap P\backslash\Gamma$ die Eisensteinreihe $E(\phi,\Lambda)$ zugeordnet, die von dem Parameter $\Lambda \in \underline{a}^*_{\mathbb{C}}$ abhängt. Diese ist zuerst nur definiert für Λ im Bereich der absoluten Konvergenz der definierenden Reihe und dort holomorph; sie besitzt jedoch eine meromorphe Fortsetzung auf ganz $\underline{a}^*_{\mathbb{C}}$. Wertet man die Eisensteinreihe $E(\phi,\Lambda)$ an einer speziellen Stelle Λ_o , an der sie holomorph ist, aus, so erhält man eine Differentialform $E(\phi,\Lambda_o)$ in $\Omega^*(\Gamma\backslash X;E)$.

__b.__ __Eisensteinreihen und Darstellungstheorie.__ Parallel wird der darstellungstheoretische Zugang zur Konstruktion ausgearbeitet. Hierzu identifiziert man den Komplex $\Omega^*(X;E)^\Gamma$ der Γ - invarianten Differentialformen mit dem relativen Liealgebrakomplex $D^*(\underline{g},K;C^\infty(\Gamma\backslash G) \otimes E)$ der Liealgebra $\underline{g}$ von G modulo K mit Koeffizienten in dem Raum der C^∞-Funktionen auf $\Gamma\backslash G$; dies liefert eine natürliche Identifikation der Kohomologie von Γ

mit der relativen Liealgebrakohomologie

(3) $$H^*(\Gamma,X;E) = H^*(\underline{g},K;C^\infty(\Gamma\backslash G)\otimes E) \quad .$$

Wendet man dies auf die Kohomologie $H^*(e'(P),E)$ in (2) an, so erhält man in zu (3) analoger Notation

(4) $$H^*(\Gamma_M\backslash Z_M,H^*((\Gamma\cap N)\backslash N)) = H^*({}^o\underline{m},K_M;C^\infty(\Gamma_M\backslash {}^oM)\otimes H^*(\underline{n},E)) \quad ,$$

wobei wir die Kohomologie der Faser mit der Kohomologie $H^*(\underline{n},E)$ der Liealgebra von N identifizieren können (2.2.).

Die durch die adjungierte Darstellung von M auf $\underline{n}$ gegebene M-Modulstruktur von $H^*(\underline{n},E)$ ist nach einem Ergebnis von Kostant wohlbekannt. Die höchsten Gewichte der einzelnen vorkommenden irreduziblen Darstellungen F können durch eine P zugeordnete Teilmenge W^P der Weylgruppe W (von $\underline{g}_{\mathbb{C}}$ relativ einer geeigneten Cartanunteralgebra) parametrisiert werden; genauer hat man (cf. 2.4.)

(5) $$H^*(\underline{n},E) \cong \bigoplus_{w\in W^P} F_{w(\lambda+\rho)-\rho} \quad ,$$

wobei λ das höchste (dominante) Gewicht der Darstellung E ist und ρ in der üblichen Bedeutung gebraucht wird. Andererseits zerlegt sich das cuspidale Spektrum $L^2_o(\Gamma_M\backslash {}^oM)$ in eine direkte Hilbertsumme von irreduziblen unitären Darstellungen π von ${}^oM$ mit endlichen Multiplizitäten; bezeichnet V_π die isotypische Komponente von $\pi\in {}^o\hat{M}$, so gilt also

(6) $$L^2_o(\Gamma_M\backslash {}^oM) = \bigoplus_{\pi\in {}^o\hat{M}} V_\pi \quad .$$

Beim Studium einer nicht-trivialen Kohomologieklasse in der cuspidalen Kohomologie von $e'(P)$

(7) $$H^*_{cusp}(e'(P),E) := H^*({}^o\underline{m},K_M;L^2_o(\Gamma_M\backslash {}^oM)\otimes H^*(\underline{n},E))$$

kann man sich deshalb auf die erzeugenden Klassen $[\phi]$ vom Typ (π,w) beschränken, wobei $\pi \in {}^{\circ}\hat{M}$ und $w \in W^P$. Jeder Darstellung $V_\pi \subset L^2_o(\Gamma_M \backslash {}^{\circ}M)$ kann nun bezüglich des Parameters $\Lambda \in \underline{a}^*_{\mathbb{C}}$ die induzierte Darstellung $\mathrm{Ind}_{P,\pi,\Lambda}$ von G zugeordnet werden. Die Erweiterung der die Klasse $[\phi]$ vom Typ (π,w) repräsentierenden Form ϕ zu ϕ_Λ ist dann in dieser Formulierung als Abbildung zwischen entsprechenden relativen Liealgebrakomplexen zu sehen, die im wesentlichen gegeben ist durch den Prozess des Induzierens von V_π nach $\mathrm{Ind}_{P,\pi,\Lambda}$ (cf. 3.6.). Ist nun die induzierte Darstellung realisiert in dem Raum der V_π-wertigen C^∞-Funktionen auf $(\Gamma \cap P)AN\backslash G$, so ist die weitere Zuordnung von $E(\phi,\Lambda) \in \Omega^*(X;E)^\Gamma$ zu $\phi_\Lambda \in \Omega^*(X;E)^{\Gamma \cap P}$ (Λ fest) dann diejenige Abbildung

$$(8) \qquad D^*(\underline{g},K;\mathrm{Ind}_{P,\pi,\Lambda,(K)} \otimes E) \rightarrow D^*(\underline{g},K;C^\infty(\Gamma\backslash G) \otimes E) \quad ,$$

die durch den von der Eisensteinsummation über die Nebenklassen $(\Gamma \cap P)\backslash\Gamma$ herrührenden Verkettungsoperator zwischen dem $(\underline{g},K)$-Modul der K-endlichen Vektoren in $\mathrm{Ind}_{P,\pi,\Lambda}$ und dem $(\underline{g},K)$-Modul $\underline{A}(\Gamma,G) \subset C^\infty(\Gamma\backslash G)$ der automorphen Formen bzgl. Γ gegeben ist.

c. Eisensteinkohomologieklassen. Die wesentliche Aussage zur Konstruktion nicht-trivialer Eisensteinkohomologieklassen läßt sich dann, verkürzt, so aussprechen (Theorem 4.11.): Sei $[\phi] \in H^*_{cusp}(e'(P),E)$ eine nicht-triviale Klasse vom Typ (π,w) $(\pi \in {}^{\circ}\hat{M}, w \in W^P)$. Ist die der Klasse $[\phi]$ zugeordnete Eisensteinreihe $E(\phi,\Lambda)$ holomorph an der eindeutig durch ϕ bestimmten Stelle $\Lambda_o = -w(\lambda+\rho)|_{\underline{a}}$, so ist die Differentialform $E(\phi,\Lambda_o) \in \Omega^*(\Gamma\backslash X;E)$ geschlossen und harmonisch und repräsentiert eine nicht-triviale Klasse in $H^*(\Gamma\backslash X,E)$.

Aus den analogen Aussagen für ϕ_{Λ_o} ergibt sich, daß $E(\phi,\Lambda_o)$ geschlossen und harmonisch ist. Es folgt aus einer genauen Analyse der verschiedenen Restriktionen von $[E(\phi,\Lambda_o)]$ auf die Kohomologie der einzelnen Seiten in $\partial(\Gamma\backslash\overline{X})$, daß $E(\phi,\Lambda_o)$ eine nicht-triviale Klasse repräsentiert.

Nach einem allgemeinen Prinzip (1.10.) ist das Bild von $[E(\phi,\Lambda_o)]$ unter r_Q^* durch die Einschränkung des konstanten Terms von $E(\phi,\Lambda_o)$ relativ der parabolischen $\mathbb{Q}$-Untergruppe Q auf $e'(Q)$ bestimmt. Bei diesen Untersuchungen ist insbesondere der Fall von Interesse, daß Q zu P assoziiert ist. Aus der Theorie des konstanten Terms erhält man dann, daß $r_Q^*([E(\phi,\Lambda_o)])$ als endliche Summe einzelner Kohomologieklassen $[\underline{\underline{c}}(s,\Lambda_o)(\phi)_{s\Lambda_o}]|e'(Q)$ geschrieben werden kann, wobei die $\underline{\underline{c}}(s,\Lambda_o)$ Operatoren zwischen gewissen Räumen von Differentialformen sind, die sich vom darstellungstheoretischen Standpunkt auf Verkettungsoperatoren $c(s,\Lambda_o) : \mathrm{Ind}_{P,\pi,\Lambda_o}(K) \to \mathrm{Ind}_{Q,s\pi,s\Lambda_o,}(K)$ zwischen $(\underline{g},K)$-Moduln zurückführen lassen (cf. 4.8. - 4.10.). Das Holomorphieverhalten dieser Operatoren, die wieder durch analytische Fortsetzung auf ganz $\underline{a}^*_{\mathbb{C}}$ definiert sind, bestimmt dasjenige von $E(\phi,\Lambda)$. Darüberhinaus ist einer Klasse $[\underline{\underline{c}}(s,\Lambda_o)(\phi)_{s\Lambda_o}]_{e'(Q)}$ wieder ein Typ der Form (π',w') zuordenbar; dies wird später eine wesentliche Erleichterung bedeuten.

2. Holomorphieaussagen für Eisensteinreihen an speziellen Werten. Das Theorem 4.11. ist einerseits das Schlüsselergebnis, wie man mit Hilfe von Eisensteinreihen Kohomologieklassen in $H^*(\Gamma\backslash X,E)$ konstruieren kann, die das Verhalten der Kohomologie im Unendlichen widerspiegeln, andererseits ist es jedoch aus mehreren Gründen nur von begrenztem Wert. Dies liegt hauptsächlich an der in die Formulierung des Resultats eingehenden Bedingung der Holomorphie der Eisensteinreihe an der Stelle $\Lambda_o = -w(\lambda+\rho)|_{\underline{a}}$. Das Nachprüfen dieser Voraussetzung ist bei gegebenem $[\phi]$ sehr schwierig, da der Wert Λ_o meistens nicht im Bereich der absoluten Konvergenz der $E(\phi,\Lambda)$ definierenden Reihe liegt, und darüberhinaus keine allgemeinen Aussagen über das Holomorphieverhalten von $E(\phi,\Lambda)$ an solchen Stellen vorliegen. Dies gilt insbesondere dann, wenn man Punkte zu studieren hat, die außerhalb der positiven Weylkammer liegen, i.e. in dem Bereich, in dem das Verhalten von $E(\phi,\Lambda)$ (und auch der $\underline{\underline{c}}(s,\Lambda)(\phi)$) ein bisher unangreifbares Problem dar-

stellt. Insofern darf man keine allgemeine Antwort auf dieses Problem erwarten.

Welche möglichen Wege kann man nun gehen, mit dem Ziel, explizit Eisensteinkohomologieklassen zu konstruieren und mit ihnen die Kohomologie $H^*(\Gamma\backslash X,E)$ im Unendlichen zu beschreiben?

Im Falle von arithmetischen Untergruppen von Gruppen $\underline{G}$ mit $\mathbb{Q}$-Rang 1 hat Harder in [26] die Frage nach der Holomorphie von $E(\phi,\Lambda)$ im Punkte $\Lambda_o = -w(\lambda+\rho)|_{\underline{a}}$ unentschieden gelassen und stattdessen das eventuell nichttriviale Residuum von $E(\phi,\Lambda)$ in Λ_o und die dadurch repräsentierte Kohomologieklasse untersucht. Dieses Vorgehen erbringt jedoch nur Ergebnisse 'bis auf die Existenz von Polen'. In dem erwähnten Fall reicht dies aber aus, die Kohomologie $H^*(\Gamma\backslash X,E)$ vollständig mittels automorpher Formen zu beschreiben. Für Gruppen höheren Ranges erscheint mir derzeit ein solches Vorgehen nicht erfolgversprechend.

Man kann jedoch auch versuchen, mit dem Einzelfall angepaßten, verschiedenartigen Methoden bei einer vorgegebenen Klasse $[\phi] \in H^*(e'(P),E)$ vom Typ (π,w) und spezifiziertem $\underline{G}$ die Frage zu entscheiden, ob $E(\phi,\Lambda)$ an der Stelle Λ_o einen Pol hat oder nicht, und von welcher Struktur er ist. Es ist inzwischen ziemlich klar, daß dieses Vorgehen sich auf methodisch und vom mathematischen Komplexitätsgrad her wesentlich verschiedenen Ebenen abspielen muß. Dabei verdient jede ihr eigenes Interesse, zumal die feinere Theorie nicht unbedingt den Grad der Allgemeinheit des weniger differenzierten Vorgehens umfaßt. Beginnend mit dem Paragraphen 5 versuchen wir dies aufzuzeigen.

In den § 5 und 6 behandeln wir verschiedene Fälle von Klassen $[\Phi] \in H^*_{cusp}(e'(P),E)$, in denen ohne eine Verfeinerung der bisher entwickelten Theorie, eine positive Antwort auf die Frage nach der Holomorphie von $E(\phi,\Lambda)$ im Punkte Λ_o gegeben werden kann und damit explizit Eisensteinkohomologieklassen konstruiert werden können. Unter der Voraussetzung, daß das höchste Gewicht λ von E regulär ist, wird im § 5 für spezielle Wahlen von Klassen $[\phi] \in H^*_{cusp}(e'(P),E)$ vom Typ (π,w) die Holomorphie von $E(\phi,\Lambda)$ in Λ_o bewiesen (5.2., 5.6., 5.7.). Als Folgerung erhält man zum Beispiel im Falle $\underline{G} = SL_n/\mathbb{Q}$, daß die Restriktion

$$(9) \qquad r_P^{cd(\Gamma)} : H^{cd(\Gamma)}(\Gamma\backslash\overline{X},E) \to H^{cd(\Gamma)}(e'(P),E)$$

der Kohomologie von Γ auf die Kohomologie einer Seite maximaler Kodimension in $\partial(\Gamma\backslash\overline{X})$ (i.e. P ist minimal parabolische $\mathbb{Q}$-Untergruppe) im Grad der kohomologischen Dimension, falls λ regulär, surjektiv ist (cf. 5.4.). Die Konstruktion der Eisensteinkohomologieklassen liefert einen natürlichen Schnitt zu $r_P^{cd(\Gamma)}$.

Im Paragraphen 6 betrachten wir dann speziell Seiten $e'(P)$ in $\partial(\Gamma\backslash\overline{X})$, die zu einer Γ-Konjugationsklasse von maximal parabolischen $\mathbb{Q}$-Untergruppen von G gehören. Die betrachteten Eisensteinreihen hängen dann nur von einem komplexen Parameter $\Lambda \in \mathbb{C}$ ab. Die Frage nach der Existenz eines Poles der einer Klasse $[\phi] \in H^*_{cusp}(e'(P),E)$ vom Typ (π,w) zugeordneten Eisensteinreihe in einem Punkte Λ_o im Bereich der positiven Weylkammer wird dann reduziert auf die Frage nach der Existenz unitärer Unterquotienten der induzierten Darstellung Ind_{P,π,Λ_o}. Diese darstellungstheoretische Interpretation des Problems kann in allgemeinerem Rahmen durchgeführt werden. Mittels Ergebnissen über die Unitarisierbarkeit von Langlands-Quotienten können so, falls die Darstellung π temperiert ist, Holomorphieaussagen für Eisensteinreihen gewonnen werden (6.4.). Anwendungen auf die explizite Konstruktion von Eisensteinkohomologieklassen werden dann im Falle $\underline{G} = SL_n/\mathbb{Q}$ gegeben (6.5. - 6.7.).

<u>3. Das Problem der vollständigen Beschreibung der Kohomologie von Γ im Unendlichen.</u> Ein weiteres, noch nicht angesprochenes Problem ist es, daß wir bisher stets nur eine Seite $e'(P)$ und die dazugehörige Restriktion

r_P^* betrachtet haben. Schon aus der Theorie der Eisensteinreihen heraus ist es jedoch völlig klar (cf. auch die Formulierung von Theorem 4.11.), daß man gleichzeitig alle Seiten $e'(Q)$ in $\partial(\Gamma\backslash\overline{X})$ betrachten muß, die zu den Γ-Konjugationsklassen innerhalb einer Äquivalenzklasse $\{P\}$ von assoziierten parabolischen $\mathbb{Q}$-Untergruppen von G korrespondieren, und deshalb natürlich auch Restriktionen der Form

$$(10) \qquad r^*_{\{P\}} : H^*(\Gamma\backslash\overline{X},E) \to \bigoplus_{Q \in D\{P\}} H^*(e'(Q),E)$$

studieren muß, wobei Q ein Repräsentantensystem $D\{P\}$ der Γ-Konjugationsklassen in $\{P\}$ durchläuft. Darüberhinaus muß man das Zusammenspiel der durch die verschiedenen Seiten $e'(P)$ mittels von dort aus konstruierter Eisensteinkohomologieklassen geleisteten Beiträge zur Kohomologie $H^*(\Gamma\backslash\overline{X},E)$ kontrollieren können und insbesondere in der Lage sein, festzustellen, ob man damit eine <u>vollständige</u> Beschreibung eines natürlichen Komplementes von kern r^* in $H^*(\Gamma\backslash X,E)$, i.e. der Kohomologie von Γ im Unendlichen, erhält. Dabei erscheint eine genaue Kenntnis der Kohomologie $H^*(\partial(\Gamma\backslash\overline{X}),E)$ des Randes der Borel-Serre Kompaktifizierung unumgänglich.

Zur Behandlung solcher Fragen und auch im Zusammenhang mit der Diskussion des Holomorphieverhaltens hat sich die Formulierung des gesamten Problems in der Sprache der Adele als sinnvoll und nützlich erwiesen (cf. [27], [28], [48], [49]). Dies bedeutet zum einen natürlich eine Einschränkung der betrachteten arithmetischen Gruppen Γ auf die Klasse der Kongruenzuntergruppen. Zum anderen erlaubt es, durch Hinzuziehung wesentlicher zahlentheoretischer wie darstellungstheoretischer Informationen an den nicht-archimedischen Stellen des Zahlkörpers, eine feiner strukturierte Theorie zur Konstruktion von Eisensteinkohomologieklassen und zur Lösung der entstandenen Probleme zu entwickeln. Eine solche Theorie nimmt natürlich die in den § 1 - 6 erarbeiteten Ergebnisse, d. h. die an der archimedischen Stelle ∞, in sich als Teil auf. Eine Ausarbeitung in der Sprache der Adele soll aufbauend auf den Ansätzen [28], [49] in einer anderen Arbeit geschehen. All diese angedeuteten zusätzlichen Informationen würde einen auch z. B. beim Studium einer Hauptkongruenzuntergruppe $\Gamma(m)$ von $SL_n(\mathbb{Q})$ in die Lage versetzen, die auf Hecke zurückgehende, wichtige zahlentheoretische Frage besser zu verfolgen, wie die Struktur der Kohomologie $H^*(\Gamma(m)\backslash X;E)$ als Modul unter der endlichen Gruppe $SL_n(\mathbb{Z})/\Gamma(m) \cong SL_n(\mathbb{Z}/m\mathbb{Z})$ aussieht.

Wir haben nun 'quasi als Test' Untergruppen Γ von endlichem Index in $SL_3(\mathbb{Z})$ studiert, um zu sehen, welche Phänomene auftreten können und welch reichhaltige Informationen notwendig sind, um eine vollständige Beschreibung eines natürlichen Komplementes von kern r^* in $H^*(\Gamma\backslash X;E)$ mittels Eisensteinkohomologieklassen zu erhalten.

<u>4. Die Eisensteinkohomologie arithmetisch definierter Untergruppen von</u> $SL_3/\mathbb{Q}$. Dies umschreibt den allgemeinen Rahmen, in den der Teil II., i.e. die Paragraphen 7 - 9, dieser Arbeit einzuordnen ist. Dort behandeln wir arithmetisch definierte Untergruppen Γ von $SL_3(\mathbb{Q})$ und betrachten deren Kohomologiegruppen $H^*(\Gamma,X;\mathbb{C})$ mit trivialen Koeffizienten. Dies ist zum ersten als Beispiel zu sehen, in welcher Weise die bisher erhaltenen allgemeinen Ergebnisse in einem konkreten Fall mit $\mathrm{Rang}_{\mathbb{Q}}\, \underline{G} = 2$ angewandt werden können und welchen Beitrag sie dann zur Beschreibung von $H^*(\Gamma,X;\mathbb{C})$ im Unendlichen leisten. Es wird sich zeigen, daß damit jedoch eine vollständige strukturelle Beschreibung der Kohomologie im Unendlichen noch nicht erreicht ist. Und hier setzt nun der zweite Aspekt des Teils II im Anschluß an die eben geführte Diskussion an. Im § 9 erläutern wir am Beispiel einer Hauptkongruenzuntergruppe von $SL_3(\mathbb{Z})$ wie man durch eine reicher strukturierte Theorie zur Konstruktion von Eisensteinkohomologieklassen in der Sprache der Adele Ergebnisse erhält, die außerhalb der bisher angewandten Methoden liegen und ein wesentlich feineres Vorgehen erfordern. Die dabei vorgestellten Resultate (Theoreme 9.6.,9.7.) sind ein Spezialfall allgemei-

ner Aussagen über die Konstruktion von Eisensteinkohomologieklassen bezüglich Kongruenzuntergruppen von $SL_n(\mathbb{Z})$. Die behandelten Eisensteinreihen sind dabei Spitzenformen auf den Seiten in $\partial(\Gamma\backslash\overline{X})$ zugeordnet, die den Γ-Konjugationsklassen von minimal parabolischen $\mathbb{Q}$-Untergruppen von $SL_n(\mathbb{R})$ entsprechen. Wir betonen, daß die adelische Theorie hier nicht entwickelt wird, sondern wir uns darauf beschränken, in dem vorliegenden Fall einer Kongruenzuntergruppe Γ von $SL_3(\mathbb{Q})$ die benötigten Ergebnisse präzise zu formulieren und die Beweisideen skizzenhaft zu erläutern. Zusammen mit den Resultaten der Paragraphen 7 und 8 erhält man damit eine vollständige Beschreibung der Kohomologie von Γ im Unendlichen. Man hat genauer für eine Untergruppe $\Gamma \subset SL_3(\mathbb{Z})$ von endlichem Index eine Zerlegung der Kohomologie von Γ als direkte Summe (9.10)

(11) $$H^*(\Gamma,X;\mathbb{C}) = H^*_{cusp}(\Gamma,X;\mathbb{C}) \oplus H^*_{Eis}(\Gamma,X;\mathbb{C})$$

in die Spitzenkohomologie $H^*_{cusp}(\Gamma,X;\mathbb{C})$ und einen Raum, der erzeugt wird von Eisensteinkohomologieklassen. Diese besitzen, grob gesagt, einen geschlossenen, harmonischen Repräsentanten, der entweder der Wert einer geeigneten Eisensteinreihe oder eines Residuums einer solchen an einer Stelle Λ_o ist. Der Raum $H^*_{Eis}(\Gamma,X;\mathbb{C})$ wird <u>isomorph</u> unter der natürlichen Restriktion $r^* : H^*(\Gamma\backslash\overline{X},\mathbb{C}) \to H^*(\partial(\Gamma\backslash\overline{X}),\mathbb{C})$ auf das Bild von r^* abgebildet. Eine genauere strukturelle Beschreibung der Eisensteinkohomologie $H^*_{Eis}(\Gamma,X;\mathbb{C})$ wird mittels 8.2., 8.4., 9.6., 9.7. in 9.10. gegeben.

Wir gehen etwas ausführlicher auf diese Ergebnisse und den Inhalt der § 7 - 9 ein, auch um schon hier zu zeigen, welch feine Untersuchungen zum Beweis von (11) und zur Beschreibung von $H^*_{Eis}(\Gamma,X;\mathbb{C})$ notwendig sind und von welcher Art die Resultate sind.

a. Kohomologie des Randes und Eisensteinkohomologieklassen, die Spitzenformen auf Seiten minimaler Kodimension zugeordnet sind. Wir beginnen den § 7 damit, für eine Untergruppe Γ von $SL_3(\mathbb{Z})$ von endlichem Index eine Berechnung (7.6.) der Kohomologie des Randes der Borel-Serre Kompaktifizierung zu geben. Dies umfaßt für eine Hauptkongruenzuntergruppe $\Gamma(m)$ die Bestimmung der Struktur von $H^*(\partial(\Gamma(m)\backslash\overline{X}),\mathbb{C})$ als $SL_3(\mathbb{Z})/\Gamma(m)$-Modul. Das hier formulierte Ergebnis findet sich in einer gemeinsamen Arbeit mit R. Lee [40] und beruht auf einer Beschreibung von $\partial(\Gamma\backslash\overline{X})$ als die Vereinigung $Y = \overline{Y}_1 \underset{Y_0}{\cup} \overline{Y}_2$ der beiden Typen von Seiten in $\partial(\Gamma\backslash\overline{X})$, die den Γ-Konjugationsklassen der maximal parabolischen $\mathbb{Q}$-Untergruppen entsprechen, entlang ihres gemeinsamen Randes, der zu den Γ-Konjugationsklassen der minimal parabolischen $\mathbb{Q}$-Untergruppen korrespondiert. Eine Analyse der zugehörigen Mayer-Vietorissequenz erbringt die Beschreibung. Dabei ist eine genaue Kenntnis der Randabbildung $H^*(\overline{Y}_i,\mathbb{C}) \to H^*(Y_o,\mathbb{C})$, i.e. letztendlich der Kohomologie von $H^*(e'(P),\mathbb{C}) = H^*(\Gamma_M\backslash Z_M,H^*(\underline{n},\mathbb{C}))$ (cf. (2), (3)) (P maximal parabolisch) im Unendlichen unabdingbar. Dieses allgemeine Phänomen, das stets bei der Untersuchung von $H^*(\partial(\Gamma\backslash\overline{X}),\mathbb{C})$ auftaucht, weist auf die Notwendigkeit eines induktiven Vorgehens hin.

Im § 8 werden dann die allgemeinen Resultate aus § 4 - 6 über die Konstruktion von Eisensteinkohomologieklassen auf solche Eisensteinreihen angewandt, die Spitzenformen auf einer zu einer Γ-Konjugationsklasse von maximal parabolischen $\mathbb{Q}$-Untergruppe von $SL_3(\mathbb{R})$ korrespondierenden Seite $e'(P)$ zugeordnet sind. Wegen der speziellen Situation lassen sich wesentlich genauere Aussagen über das Bild der konstruierten Klassen unter den Restriktionen $r^*_{\mathbb{Q}}$ machen als es in 4.11. möglich war (Theoreme 8.2. und 8.4.). Die analogen Ergebnisse in dem Fall, daß man die Kohomologie $H^*(\Gamma,X;E)$ mit nicht-trivialen Koeffizienten betrachtet, werden kurz diskutiert (8.3., 8.5.). Anschließend wird in 8.6., 8.7. der durch diese verschiedenen Eisensteinkohomologieklassen geleistete Beitrag zur Kohomologie $H^*(\Gamma,X;\mathbb{C})$ bestimmt.

Wir erinnern daran, daß man aus allgemeinen Gründen $H^q(\Gamma,X;\mathbb{C}) = 0$ für $q = 1$ resp. $q > 3$ hat. Für $q > 0$ hat man die von uns in [40] hergeleitete kurze exakte Sequenz

$$(12) \qquad 0 \to H^q_{cusp}(\Gamma,X;\mathbb{C}) \to H^q(\Gamma,X;\mathbb{C}) \to \operatorname{Im} r^q \to 0 \quad ,$$

wobei $r^* : H^*(\Gamma\backslash\overline{X};\mathbb{C}) \to H^*(\partial(\Gamma\backslash\overline{X}),\mathbb{C})$ die Restriktion auf die Kohomologie des Randes ist. Die in 8.2. konstruierten Eisensteinklassen erzeugen nun einen Unterraum $H^3_{max}(\Gamma,X;\mathbb{C})$ von $H^3(\Gamma,X;\mathbb{C})$, der isomorph unter r^3 auf $\oplus H^3_{cusp}(e'(P),\mathbb{C}) \subset H^3(\partial(\Gamma\backslash\overline{X}),\mathbb{C})$ (nach 7.6.) abgebildet wird, wobei P eine Repräsentantenmenge der Γ-Konjugationsklassen von maximal parabolischen $\mathbb{Q}$-Untergruppen durchläuft. Für $\Gamma = \Gamma(m)$ eine Hauptkongruenzuntergruppe hat man nun, zum Beispiel, durch den Eichler-Shimura Isomorphismus einen Zusammenhang von $H^3_{cusp}(e'(P),\mathbb{C})$ mit dem Raum $S_2(\Gamma(2,m))$ der Spitzenformen im klassischen Sinne bezüglich der Kongruenzuntergruppe $\Gamma(2,m)$ zur Stufe m von $SL_2(\mathbb{Z})$. Die Dimension resp. Struktur als $SL_2(\mathbb{Z}/m\mathbb{Z})$-Modul dieses Raumes ist durch Arbeiten von Hecke wohlbekannt und impliziert deshalb entsprechende Ergebnisse zur Beschreibung von $H^3_{max}(\Gamma(m),X;\mathbb{C})$. Im Grad zwei stellt sich die Situation etwas komplizierter dar. Teilt man die Γ-Konjugationsklassen der maximal parabolischen $\mathbb{Q}$-Untergruppen von $SL_3(\mathbb{R})$ in die zwei Partien, die den beiden durch die standard parabolischen $\mathbb{Q}$-Untergruppen P_1 und P_2 repräsentierten $SL_3(\mathbb{Q})$-Konjugationsklassen entsprechen, so hat man $\oplus H^2_{cusp}(e'(P),\mathbb{C}) = V_1 \oplus V_2$. Das isomorphe Bild des durch die in 8.4. konstruierten Eisensteinkohomologieklassen erzeugten Unterraumes $H^2_{max}(\Gamma,X;\mathbb{C})$ in $H^2(\Gamma,X;\mathbb{C})$ unter der Restriktion r^2 auf die Kohomologie des Randes $\partial(\Gamma\backslash\overline{X})$ kann dann, grob gesagt, als 'Diagonale' der Form $(V_1, \underline{\underline{c}}(\Lambda_o)(V_1))$ beschrieben werden, wobei $\underline{\underline{c}}(\Lambda_o) : V_1 \to V_2$ ein (invertierbarer) linearer Operator ist, der von den in den konstanten Fourierkoeffizienten der Eisensteinreihen vorkommenden Verkettungsoperatoren (cf. S. 7) herstammt. Dieser Operator ist von sehr großem zahlentheoretischem Interesse, da er in Beziehung zu speziellen Werten gewisser L-Funktionen steht.

b. Eisensteinkohomologieklassen, die Formen auf Seiten maximaler Kodimension zugeordnet sind. Versucht man nun die bisher entwickelten Methoden auf das Studium der Eisensteinreihen anzuwenden, die einer Spitzenform auf einer zu einer minimal parabolischen $\mathbb{Q}$-Untergruppe B gehörenden Seite $e'(B)$ in $\partial(\Gamma\backslash\overline{X})$ zugeordnet sind, so erkennt man sehr rasch, daß man auf diesem direkten Weg keine Klassen in $H^*(\Gamma\backslash X)$ konstruieren kann, die den (wie man aus 7.6. folgert oder auch aus [48], [49]) noch verbleibenden Anteil in der Kohomologie $H^*(\Gamma\backslash X,\mathbb{C})$ von Γ im Unendlichen erklären können. Der letzte Paragraph 9 ist deshalb ab 9.5. der Ankündigung zweier Theoreme (9.6., 9.7.) und deren Beweisideen gewidmet, die durch eine reicher strukturierte Theorie zur Konstruktion von Eisensteinkohomologieklassen in der Sprache der Adele ermöglicht sind und die zusammen mit den Resultaten aus § 8 eine vollständige Beschreibung der Kohomologie von Γ durch automorphe Formen ermöglichen.

Sei $\Gamma = \Gamma(m)$, $m \geq 3$, die volle Kongruenzuntergruppe von $SL_3(\mathbb{Z})$ zur Stufe m . Bei der oben gegebenen Beschreibung von $\partial(\Gamma(m)\backslash\overline{X})$ als $\overline{Y}_1 \cup_{Y_o} \overline{Y}_2$ korrespondieren die Seiten $e'(B)$, die zu den Γ-Konjugationsklassen von minimal parabolischen $\mathbb{Q}$-Untergruppen von $SL_3(\mathbb{R})$ gehören, zu den Zusammenhangskomponenten des $SL_3(\mathbb{Z}/m\mathbb{Z})$-Raumes Y_o . Ist nun P_o die Boreluntergruppe der oberen Dreiecksmatrizen von $SL_3(\mathbb{R})$, so erhält man für die Kohomologie von Y_o als Modul unter ${}_fSL := SL_3(\mathbb{Z}/m\mathbb{Z})$ die Beschreibung als induzierten Modul

$$(13) \qquad H^*(Y_o,\mathbb{C}) \cong \mathrm{Ind}_{{}_fP_o}^{{}_fSL}[H^*(e'(P_o),\mathbb{C})] \quad ,$$

wobei die Aktion von ${}_fP_o := (P_o \cap SL_3(\mathbb{Z}))/(P_o \cap \Gamma(m))$ auf $H^*(e'(P_o),\mathbb{C})$ durch die natürliche Aktion von ${}_fP_o$ auf $e'(P_o)$ gegeben ist. In der adelischen Formulierung ist eine Kohomologieklasse in $H^*(Y_o,\mathbb{C})$ analog zu obiger

Beschreibung zuerst einmal charakterisiert durch ein Element $w \in W = W^{P_o}$ und einen gewissen Charakter $\chi_w : \underline{T}(\mathbb{Q})\backslash\underline{T}(A)/\underline{T}(\mathbb{R})^o(T(A_f) \cap L(m)) \to \mathbb{C}^*$ auf den Adele-wertigen Punkten des Torus der Diagonalmatrizen von $SL_3/\mathbb{Q}$, wobei $L(m)$ die zu $\Gamma(m)$ korrespondierende Kongruenzuntergruppe von $SL_3(A)$ bezeichnet. Das heißt, daß eine Klasse beschrieben ist als ein Vektor $[\phi_w] \otimes v$, wobei ϕ_w eine die Kohomologie $H^{\ell(w)}(e'(P_o),\mathbb{C})$ erzeugende Spitzenform auf $e'(P_o)$ ist und v ein Element aus dem ${}_fSL$-Darstellungsmodul $\mathrm{Ind}_{{}_fB}^{{}_fSL}[{}_f\chi]$ ist. Hier bezeichnet ${}_fB$ die Gruppe der oberen Dreiecksmatrizen in ${}_fSL$ und ${}_f\chi$ den durch $\chi = \chi_w$ auf dem Torus ${}_fT$ der Diagonalmatrizen in ${}_fSL$ bestimmten Charakter ${}_f\chi : {}_fT = {}_fB/{}_fN_o \to \mathbb{C}^*$.

Die Abschnitte 9.1. - 9.4. dienen nun dazu, Moduln der Form $\mathrm{Ind}_{{}_fB}^{{}_fSL}[{}_f\chi]$ in für unsere Zwecke geeigneter Weise in ${}_fSL$-Untermoduln zu zerlegen. Dies liefert uns darüberhinaus wegen (13) eine sinnvolle Charakterisierung derjenigen ${}_fSL$-Untermoduln in $H^*(Y_o,\mathbb{C})$, die sich in der ${}_fSL$-Struktur der Kohomologie $H^*(\partial(\Gamma(m)\backslash\overline{X}),\mathbb{C})$ des Randes, grob gesagt, als Beitrag der Kohomologiegruppen der zu den minimal parabolischen $\mathbb{Q}$-Untergruppen gehörenden Seiten in $\partial(\Gamma(m)\backslash\overline{X})$ wiederfinden. Zum einen kommt der durch die Sequenz

$$(14) \qquad 0 \to \mathbb{C} \to \bigoplus_{i=1}^{2} \mathrm{Ind}_{{}_fP_i}^{{}_fSL}[\mathbb{C}] \to \mathrm{Ind}_{{}_fP_o}^{{}_fSL}[\mathbb{C}] \to \widetilde{St}(m) \to 0$$

definierte verallgemeinerte Steinberg-Modul $\widetilde{St}(m)$ in $H^3(\partial(\Gamma(m)\backslash\overline{X}),\mathbb{C})$ vor, wobei ${}_fP_i := (P_i \cap SL_3(\mathbb{Z}))/(P_i \cap \Gamma(m))$ ist und $P_i \supset P_o$, $i = 1,2$, die übliche standard maximal parabolische $\mathbb{Q}$-Untergruppe von $SL_3(\mathbb{R})$ bezeichnet. Im Grad zwei zerlegt sich $H^*(e'(P_o),\mathbb{C})$ in zwei eindimensionale, nicht-triviale ${}_fP_o$-Moduln F_{η_i}, die durch triviale Fortsetzung als ${}_fP_i$-Moduln $F_{\tilde{\eta}_i}$ betrachtet werden. Diese lassen sich in natürlicher Weise mit dem ${}_fP_i$-Untermodul $H^2(\underline{n}_i,\mathbb{C}) \subset H^2(e'(P_i),\mathbb{C})$ identifizieren. Und in $H^2(\partial(\Gamma(m)\backslash\overline{X}),\mathbb{C})$ kommt als Beitrag gerade $\bigoplus_i \mathrm{Ind}_{{}_fP_i}^{{}_fSL}[F_{\tilde{\eta}_i}]$ vor.

Diese (a posteriori davon unabhängige) Zerlegung von Moduln $\mathrm{Ind}_{{}_fB}^{{}_fSL}[{}_f\chi]$ und auch von $H^*(Y_o,\mathbb{C})$ ist begründet und motiviert durch das Holomorphieverhalten der einer Klasse $\phi_A = [\phi_w] \otimes v$ zugeordneten Eisensteinreihe (im adelischen Sinne) an der kritischen Stelle Λ_o. Es hängt nicht nur von den beiden die Klasse ϕ_A charakterisierenden Daten w und χ ab, sondern auch davon, in welchem ${}_f SL$-Untermodul von $\mathrm{Ind}_{{}_f B}^{{}_f SL} [{}_f\chi]$ das Element v liegt. Geometrisch bedeutet das, daß das Zusammenspiel der Formen auf den einzelnen Seiten, die sich zu ϕ_A zusammensetzen, berücksichtigt werden muß.

Damit kommen wir zu der sich natürlich ergebenden Verfeinerung der Theorie. Um das Holomorphieverhalten der einer Klasse $\phi_A = \phi_w \otimes v$, $v \in \mathrm{Ind}_{{}_f B}^{{}_f SL} [{}_f\chi]$, zugeordneten Eisensteinreihe an der Stelle $\Lambda_o = -w(\rho)$ zu untersuchen, studiert man die (analog zu § 4 definierten) globalen Verkettungsoperatoren $\underline{\underline{c}}_A(s,\Lambda)$ an der Stelle Λ_o. Für jedes $s \in W$ schreibt sich

(15) $$\underline{\underline{c}}_A(s,\Lambda)(\phi_A) = \underline{\underline{c}}_\infty(s,\Lambda)(\phi_A) \otimes \bigotimes_{p \nmid m} \underline{\underline{c}}_p(s,\Lambda)(\phi_A) \otimes \bigotimes_{p \mid m} \underline{\underline{c}}_p(s,\Lambda)(\phi_A)$$

als Produkt lokaler Operatoren, und die Ergebnisse werden durch eine explizite Berechnung der lokalen Operatoren gewonnen (cf. [49] zur Methode). Man kann $\bigotimes_{p \nmid m} \underline{\underline{c}}_p(s,\Lambda)(\phi_A)$ als Zahl interpretieren, die sich im einfachsten Fall der zu einer einfachen Wurzel gehörenden Reflektion $s_i \in W$ und $\ell(w) = 3$ als Bruch $L(\chi,z)/L(\chi,z+1)$, $z \in \mathbb{C}$, zweier Werte einer χ zugeordneten L-Reihe darstellt. Das Studium an der Stelle Λ_o bedeutet dann die Auswertung an der Stelle $z = 1$. Der lokale Operator an den endlichen Stellen $p|m$ kann als ${}_f SL$-Modulhomomorphismus ${}_f\underline{\underline{c}}(s,\Lambda) : \mathrm{Ind}_{{}_f B}^{{}_f SL} [{}_f\chi] \to \mathrm{Ind}_{{}_f B}^{{}_f SL} [{}_f^s\chi]$ interpretiert werden. Für das Holomorphieverhalten von $\underline{\underline{c}}_A(s,\Lambda)(\phi_A)$ in Λ_o ist dann das Zusammenwirken dieser beiden Operatoren an den endlichen Stellen entscheidend. Das Prinzip sei am Beispiel einer Klasse $[\phi_{w_o}] \otimes v$ aus $H^3(Y_o,\mathbb{C})$ erläutert, wobei w_o das längste Element in W ist und $v \in \mathrm{Ind}_{{}_f B}^{{}_f SL} [1]$, i.e. der Charakter ${}_f\chi$ ist als trivial vorausgesetzt. Die L-Funktion $L(1,z)$ hat an der Stelle $z = 1$ einen einfachen Pol. Ob dieser auch global in (15) zum Tragen kommt, hängt jetzt davon ab, ob v ein Element des Kernes von ${}_f\underline{\underline{c}}(s,\Lambda)$ ist oder nicht. Für die recht komplizierte

Diskussion der einzelnen Fälle verweisen wir auf 9.8. Zusammenfassend stellt man also fest, daß die Daten w,χ zur Analyse des Holomorphieverhaltens von $E(\phi_A,\Lambda)$ nicht ausreichend sind, sondern daß man wesentlich feinere Informationen heranziehen muß.

Diese Untersuchungen erbringen zur Beschreibung von $H^*(\Gamma(m)\backslash\overline{X},\mathbb{C})$ im Unendlichen den folgenden Beitrag (9.6., 9.7.): In $H^3(\Gamma(m)\backslash\overline{X},\mathbb{C})$ wird durch Eisensteinkohomologieklassen, die Klassen in $H^3(Y_o,\mathbb{C})$ von einem gewissen Typus zugeordnet sind, ein Unterraum $H^3_{min}(\Gamma(m),X;\mathbb{C})$ erzeugt, der isomorph unter der Restriktion $r^* : H^*(\Gamma(m)\backslash\overline{X},\mathbb{C}) \to H^*(\partial(\Gamma(m)\backslash\overline{X}),\mathbb{C})$ auf den verallgemeinerten Steinberg-Modul $\widetilde{St}(m)$ abgebildet wird. Ausgehend von Eisensteinreihen $E(\phi_A,\Lambda)$, die gewissen Klassen in $H^2(Y_o,\mathbb{C})$ zugeordnet sind, konstruiert man in $H^2(\Gamma(m)\backslash\overline{X},\mathbb{C})$ Kohomologieklassen, die durch den Wert an einer Stelle Λ_o des Residuums einer solchen Eisensteinreihe entlang einer von ϕ_A abhängenden singulären Hyperfläche (im Sinne von [37] p. 119, 171) repräsentiert sind. Der durch diese Klassen aufgespannte Unterraum $H^2_{min}(\Gamma(m),X;\mathbb{C})$ wird unter r^2 isomorph auf $\bigoplus_i \mathrm{Ind}_{{}^fP_i}^{{}^fSL}[F_{\tilde{\eta}_i}] \subset H^2(\partial(\Gamma(m)\backslash\overline{X}),\mathbb{C})$ abgebildet. Und es folgt auch aus der Langlands'schen Theorie, daß ein solches Residuum, grob gesagt, als Eisensteinreihe $E(\phi'_A,\Lambda')$ interpretiert werden kann, die einer nicht cuspidalen Form ϕ'_A aus $\mathrm{Ind}_{{}^fP_i}^{{}^fSL}[H^2(\underline{n}_i,\mathbb{C})] \subset H^2(\overline{Y}_i,\mathbb{C})$ zugeordnet ist.

Wir beschließen den § 9 mit einer vollständigen Beschreibung der Kohomologie von Γ im Unendlichen durch Eisensteinkohomologieklassen.

Jedem Paragraphen ist ein kurzer Überblick über den Inhalt vorangestellt. Hinweise zur Literatur befinden sich jeweils an den entsprechenden Stellen. Verweise innerhalb der Arbeit sind in der Form 4.11.(2) gemacht, die sich auf Formel oder Aussage (2) im 11. Abschnitt des Paragraphen 4 bezieht.

Meinem Lehrer Professor G. Harder danke ich sehr herzlich für die Einführung in diesen Problemkreis, seine Vorschläge und seine stete Bereitschaft zu sehr nützlichen Diskussionen. Für anregende Gespräche und Fragen während meines durch die Deutsche Forschungsgemeinschaft resp. NSF finanzierten Aufenthaltes 1980/81 am Institute for Advanced Study in Princeton, N.J., U.S.A., danke ich Professor A. Borel. Mein Dank gilt ebenso Professor F. Grunewald, der freundlicherweise das Manuskript gelesen und mich so vor manchen Errata bewahrt hat.

Die Mühe der Schreibarbeit hat mit viel Geduld und voller Sorgfalt Frau M. Barrón auf sich genommen, der ich dafür sehr dankbar bin.

§ 0 Terminologie und Notationen

0.1. Wie üblich bezeichnet $\mathbb{Z}$ den Ring der ganzen Zahlen, $\mathbb{N} = \{n \in \mathbb{Z} \mid n \geq 0\}$ die Menge der natürlichen Zahlen. Mit $\mathbb{Q}(\mathbb{R},\mathbb{C})$ wird der Körper der rationalen (reellen, komplexen) Zahlen notiert. Sei $\mathbb{R}^*_+$ die multiplikative Gruppe der echt positiven reellen Zahlen.

Für eine Menge M notiert $|M|$ (resp. $\mathcal{P}(M)$ die Kardinalität (resp. die Potenzmenge) von M. Sind $f,g : M \to \mathbb{R}_+$ Funktionen auf M, so schreiben wir $f \prec g$ falls eine Konstante $C > 0$ existiert, so daß $f(m) \leq Cg(m)$ für alle $m \in M$ gilt.

0.2. Ist G eine Gruppe, H eine Untergruppe von G, dann ist $Z_G(H) = \{g \in G \mid g\cdot h\cdot g^{-1} = h\ ,\ h \in H\}$ der Zentralisator von H in G und $N_G(H) = \{g \in G \mid gHg^{-1} = H\}$ der Normalisator von H in G. Für $g \in G$ bezeichnen wir mit ℓ_g resp. r_g die Links (resp. Rechts)-translation durch g auf G oder auf Funktionen auf G. $\mathrm{Int}(g)$ sei der innere Automorphismus auf G gegeben durch $y \mapsto g\cdot y\cdot g^{-1}$. Für $\mathrm{Int}(g)(y)$ schreiben wir bisweilen auch y^g, und wir setzen $H^g = \mathrm{Int}(g)(H)$. Sind N,M Untergruppen von G, so bedeutet $G = M \ltimes N$, daß N normal in G ist und G das semidirekte Produkt von M und N.

0.3. Ist G eine reelle Liegruppe, so bezeichne G^o die Zusammenhangskomponente der Eins in G. Mit $\underline{g}$ (oder $L(G)$) werde die Liealgebra von G notiert. Ist $\underline{h}$ ein Unterraum von $\underline{g}$, so sei $\underline{h}_{\mathbb{C}}$ die Komplexifizierung $\underline{h} \otimes_{\mathbb{R}} \mathbb{C}$ von $\underline{h}$. Die universelle einhüllende Algebra über $\mathbb{C}$ von $\underline{g}$ werde mit $U(\underline{g})$ bezeichnet; $Z(\underline{g})$ stehe für ihr Zentrum.

0.4. Unsere algebraischen Gruppen sind linear und können identifiziert werden mit algebraischen Untergruppen einer $\underline{GL}_n(\mathbb{C})$. Wir folgen den Notationen und Konventionen in [8]. Ist $\underline{G}$ eine (Zariski)-zusammenhängende $\mathbb{Q}$-Gruppe, so bezeichnen wir mit $\underline{G}(\mathbb{R}) = G$ die Gruppe der reellen Punkte von $\underline{G}$. Eine arithmetische (oder arithmetisch definierte) Untergruppe von $\underline{G}$ ist eine Untergruppe von $\underline{G}(\mathbb{Q})$, die kommensurabel ist mit $\phi(\underline{G}) \cap \underline{GL}_n(\mathbb{Z})$ für irgendeinen über $\mathbb{Q}$ definierten injektiven Morphismus $\phi : \underline{G} \to \underline{GL}_n$.

Für eine zusammenhängende $\mathbb{Q}$-Gruppe $\underline{G}$ setzen wir ${}^{o}\underline{G} = \bigcap_{\chi \in X_{\mathbb{Q}}(\underline{G})} \ker \chi^2$, wobei $X_{\mathbb{Q}}(\underline{G})$ die Gruppe der $\mathbb{Q}$-Morphismen von $\underline{G}$ nach $\underline{GL}_1$ bezeichnet. Die Gruppe ${}^{o}\underline{G}(\mathbb{R})$ enthält jede kompakte Untergruppe von $\underline{G}(\mathbb{R})$ und jede arithmetische Untergruppe von $\underline{G}$ (cf. [17], 1.2).

0.5. Sei G eine Liegruppe mit endlich vielen Zusammenhangskomponenten. Eine stetige Darstellung $\pi : G \to \mathrm{Aut}\, V$, wobei V ein lokalkonvexer hausdorffscher topologischer Vektorraum über $\mathbb{C}$ ist, wird G-Modul genannt und mit (π,V) oder einfach mit π oder V bezeichnet. Der Raum V^∞ der C^∞-Vektoren in V ist stabil unter G , und π definiert eine Darstellung von $\underline{g}$ oder $U(\underline{g})$ in V^∞ , die wieder mit π notiert wird. Ein G-Modul V heißt differenzierbar, wenn $V = V^\infty$ und wenn die Abbildung $v \mapsto \{g \mapsto \pi(g)\cdot v\}$ ein topologischer Isomorphismus von V auf sein Bild in $C^\infty(G;V)$, versehen mit der durch die von $C^\infty(G;V)$ induzierten C^∞-Topologie, ist. Für einen G-Modul (π,V) ist (π,V^∞) mit der gegebenen Aktion von G ein differenzierbarer G-Modul.

Bezüglich der Theorie der Darstellungen von G verwenden wir im wesentlichen die Terminologie und Notation in [20].

I. EISENSTEINKOHOMOLOGIEKLASSEN FÜR ARITHMETISCH DEFINIERTE GRUPPEN

§ 1 Kohomologie arithmetisch definierter Gruppen

Wir stellen in diesem Abschnitt zuerst die grundlegenden Tatsachen zur Kohomologie arithmetischer Gruppen und ihrer Beziehung zur relativen Liealgebrakohomologie zusammen. Eine gewisse Vertrautheit mit der Theorie unendlich dimensionaler Darstellungen reeller Liegruppen wird angenommen. Für eine umfassende Darstellung sei der Leser auf [20] verwiesen. In einem nächsten Schritt erinnern wir den Begriff einer automorphen Form und ihres konstanten Terms. Schließlich geben wir eine Beschreibung der Borel-Serre Kompaktifizierung der arithmetischen Quotienten, an denen wir interessiert sind, und leiten daraus ein Prinzip ab, in dem die natürliche Restriktion von der Kohomologie dieser Kompaktifizierung auf eine Seite in ihrem Rand mit dem Begriff des konstanten Terms verbunden wird.

1.1. Sei $\underline{G}$ eine zusammenhängende reduktive $\mathbb{Q}$-Gruppe mit $\mathrm{Rang}_{\mathbb{Q}}\,\underline{G} > 0$ und ohne nichttrivialen über $\mathbb{Q}$ definiertem Charakter. Sei K eine maximal kompakte Untergruppe der Gruppe $\underline{G}(\mathbb{R})$ der reellen Punkte von $\underline{G}$ und sei $X = \underline{G}(\mathbb{R})/K$ der assoziierte symmetrische Raum. Versehen mit einer $\underline{G}(\mathbb{R})$-invarianten Riemannschen Metrik ist der Raum X eine vollständige symmetrische Riemannsche Mannigfaltigkeit negativer Krümmung, die diffeomorph zu einem euklidischen Raum ist.

Der Kürze halber werden wir die Gruppe $\underline{G}(\mathbb{R})$ der reellen Punkte mit G bezeichnen. Sei (τ,E) eine endlich-dimensionale komplex rationale Darstellung von G. Wir nehmen an, daß E mit einem zulässigen Skalarprodukt im Sinne von Matsushima-Murakami (cf. 1.3 zur Definition oder [20] II, 2.2.) versehen ist, dessen Existenz durch Lemma 3.1 in [43] gesichert ist. Sei $\Gamma \subset G$ eine torsionsfreie arithmetische Untergruppe von $\underline{G}$. Die Gruppe G operiert in natürlicher Weise auf X, und so auch auf dem Raum $\Omega^*(X;E)$ der (differenzierbaren) E-wertigen Differentialformen auf X. Für $g \in G$ ist diese Aktion gegeben durch

(1) $(g \circ \omega)(x,Y_x) = \tau(g)(\omega(g^{-1}.x,g^{-1}.Y_x)) \quad (x \in X,\ Y_x$ ein q-Vektor in $x)$.

Da $\Gamma \subset G$ frei und eigentlich auf X operiert, ist der Quotientenraum $\Gamma\backslash X$ eine nicht-kompakte $K(\Gamma,1)$-Mannigfaltigkeit von endlichem Volumen. Die Eilenberg-MacLane Kohomologie $H^*(\Gamma;E)$ ist deshalb kanonisch isomorph zu der Kohomologie $H^*(\Gamma,X;E)$ des Unterkomplexes $\Omega^*(X;E)^\Gamma$ der Elemente in $\Omega^*(X,E)$ die invariant sind unter Γ, i.e.

(2) $$H^*(\Gamma;E) = H^*(\Gamma,X;E) .$$

Man hat auch eine natürliche Identifizierung mit der singulären Kohomologie

(3) $$H^*(\Gamma;E) = H^*(\Gamma\backslash X;\tilde{E}),$$

wobei $\tilde{E}$ das lokale Koeffizientensystem auf X bezeichnet, das durch die Darstellung (τ,E) definiert wird. (Für Einzelheiten cf. [20] VII, § 2).

1.2. Bezeichne $\underline{g}$ resp. $\underline{k}$ die Liealgebra von G resp. K, und sei (π,V) ein $(\underline{g},K)$-Modul, i.e. V ist ein $\mathbb{C}$-Vektorraum, der sowohl $\underline{g}$-Modul wie K-Modul ist, so daß gilt (cf. [20], O, § 2.5.):

(1) Ist $v \in V$, so spannen die Translatierten von v unter K einen endlich-dimensionalen Vektorraum V_v auf, auf dem K stetig operiert.

(2) Ist W ein K-stabiler endlich dimensionaler Unterraum von V, so ist die Darstellung von K auf W differenzierbar und $\pi|_{\underline{k}}$ fällt mit der Aktion von $\underline{k}$ auf W zusammen, die man durch Differenzieren der Aktion von K auf W erhält.

(3) $$\pi(k)\cdot(\pi(Y))\cdot v = \pi(\mathrm{Ad}\,k(Y))\cdot\pi(k)\cdot v, \quad (k \in K, Y \in \underline{g}) .$$

Wir setzen

(4) $$D^q(\underline{g},K;V) := \mathrm{Hom}_K(\Lambda^q(\underline{g}/\underline{k}),V) ,$$

wobei K auf $\underline{g}/\underline{k}$ via der adjungierten Aktion operiert. Mit Differentiation $d : D^q(\underline{g},K;V) \to D^{q+1}(\underline{g},K;V)$, gegeben durch die Formel

(5) $$d\omega(Y_1,\ldots,Y_{q+1}) = \sum_i (-1)^i Y_i \cdot \omega(Y_1,\ldots,\hat{Y}_i,\ldots,Y_{q+1})$$

$$+ \sum_{i<j} (-1)^{i+j} \omega([Y_i,Y_j],\ldots,\hat{Y}_i,\ldots,\hat{Y}_j,\ldots\ .)$$

wobei ^ Weglassen des Arguments bezeichnet, wird dadurch ein Koketten-komplex definiert. Die Kohomologiegruppe dieses Komplexes wird mit $H^*(\underline{g},K;V)$ bezeichnet und heißt die relative Liealgebrakohomologie von $\underline{g}$ mod K mit Koeffizienten in V .

Wir bemerken, daß die Notation (4) auch Sinn macht für einen differenzierbaren G-Modul F , da der Raum $F_{(K)}$ der K-endlichen Vektoren in F ein $(\underline{g},K)$-Modul ist, und wir setzen dann $D^*(\underline{g},K;F) := \mathrm{Hom}_K(\Lambda^*(\underline{g}/\underline{k}),F_{(K)})$.

Der Raum der differenzierbaren Funktionen auf der Mannigfaltigkeit $\Gamma\backslash G$ mit Werten in $\mathbb{C}$ werde mit $C^\infty(\Gamma\backslash G)$ bezeichnet. Man hat dann einen natürlichen Isomorphismus von Differentialkomplexen

(6) $$\Omega^*(X;E)^\Gamma \cong D^*(\underline{g},K;C^\infty(\Gamma\backslash G) \otimes E) \quad ,$$

wobei die G-Modulstruktur auf $C^\infty(\Gamma\backslash G) \otimes E$ gegeben ist als das Tensorprodukt der rechtsregulären Darstellung R auf $C^\infty(\Gamma\backslash G)$ und der endlichdimensionalen Darstellung E . Dies ergibt einen Isomorphismus

(7) $$H^*(\Gamma,X;E) \cong H(\underline{g},K;C^\infty(\Gamma\backslash G) \otimes E)$$

(cf. [20], VII, § 2.7).

<u>1.3.</u> Sei $\sigma : G \to G/K$ die kanonische Projektion; zu jedem Element $\eta \in \Omega^*(X;E)$ assoziieren wir durch

(1) $$\eta^\circ(g) = \tau(g^{-1})(\eta \circ \sigma)(g)$$

eine Form $\eta^{\circ} \in \Omega^*(G;E)$. Das Bild der Abbildung $\eta \to \eta^{\circ}$ besteht aus allen $\omega \in \Omega^*(G;E)$, die den folgenden beiden Bedingungen genügen

$$(2) \qquad r_k \circ \omega = \tau(k)^{-1}\omega \qquad (k \in K)$$

$$(3) \qquad i_Y \omega = 0 \qquad (Y \in \underline{k})$$

wobei i_Y das innere Produkt bezeichnet. Ist η zusätzlich invariant unter Γ, i.e. $\eta \in \Omega^*(X;E)^{\Gamma}$, dann gilt

$$(4) \qquad \ell_\gamma \circ \eta^{\circ} = \eta^{\circ} \qquad (\gamma \in \Gamma) .$$

Der kanonische Isomorphismus von $T(G)_g$ mit $T(G)_1 = \underline{g}$ via Linkstranslation mit g^{-1} liefert uns nun eine natürliche Identifikation von Komplexen

$$(5) \qquad \Omega^*(G,E) = \mathrm{Hom}(\Lambda^*\underline{g}, C^{\infty}(G,E)) .$$

Dann prüft man leicht nach ([20], VII, 2.7.), daß die Abbildung $\eta \to \eta^{\circ}$ den Isomorphismus

$$(6) \qquad \Omega^*(X;E)^{\Gamma} \longrightarrow D^*(\underline{g},K;C^{\infty}(\Gamma\backslash G) \otimes E)$$

von Differentialkomplexen in 1.2(6) induziert.

Sei $\Theta = \Theta_K$ die zu der fest gewählten maximal kompakten Untergruppe K von G gehörende Cartaninvolution (cf. [17],1.6.). Sei B eine symmetrische nicht-entartete Bilinearform auf $\underline{g}$, die die folgenden Eigenschaften hat:

(7) B ist invariant unter der adjungierten Aktion von G auf $\underline{g}$.

(8) Ist $\underline{p}$ das orthogonale Komplement von $\underline{k}$ bezüglich B, dann ist die Restriktion von B auf $\underline{k}$ (resp. $\underline{p}$) negativ (resp. positiv) definit.

Ist $\underline{g}$ halbeinfach, so wählen wir als B die Killingform auf $\underline{g}$.

Das zugehörige Casimir-Element im Zentrum der universell einhüllenden Algebra $U(\underline{g})$ von $\underline{g}$ wird wie üblich mit C bezeichnet. (Zur Definition siehe [64] Ex. (1), p. 168).

Auf E existiert stets ein zulässiges Skalarprodukt, i.e. eines, das invariant ist unter K, und so daß $\tau(Y)$, $Y \in \underline{p}$, selbstadjungiert bezüglich dieses Skalarproduktes ist. Wir hatten in 1.1. ein solches zulässiges Skalarprodukt fixiert. Deshalb haben wir auch ein hermite'sches Skalarprodukt auf $\Lambda^*T(X)^* \otimes E$, das gegeben ist als das Tensorprodukt des auf $\Lambda^*T(X)^*$ durch B definierten Skalarproduktes und des zulässigen Produktes auf E. Dieses mit $(\ ,\ )$ bezeichnete Produkt ist invariant unter K und erlaubt deshalb in folgender Weise auf $\Omega^*(X;E)^\Gamma$ ein Skalarprodukt, das wieder mit $(\ ,\ )$ bezeichnet wird, zu definieren:

$$(9) \qquad (\eta,\omega) := \int_{\Gamma\backslash G} (\eta^o(g),\omega^o(g))\,dg \qquad (\eta,\omega \in \Omega^*(X;E)^\Gamma)$$

wobei dg ein Haarsches Maß bezeichnet.

Sei X_j, $j = 1,\ldots, n = \dim X$, eine Orthonormalbasis in Bezug auf B von $\underline{p}$, und X_j, $j = n+1,\ldots,\dim \underline{g}$ eine von $\underline{k}$. Wir sehen die X_i, $i = 1,\ldots,\dim \underline{g}$ als linksinvariante Vektorfelder auf G, deshalb auch als Vektorfelder auf $\Gamma\backslash G$ an. Sei ω^i, $i = 1,\ldots,\dim \underline{g}$, die Basis von linksinvarianten 1-Formen auf G dual zu X_i. Für eine streng wachsende Teilfolge $J = \{i_1,\ldots,i_q\}$ von $I = \{1,\ldots,\dim \underline{g}\}$ setzen wir

$$\omega^J = \omega^{i_1} \wedge \ldots \wedge \omega^{i_q} .$$

Ein Element $\omega \in \Omega^q(G;E)^\Gamma$ kann dann geschrieben werden als

$$(10) \qquad \omega = \sum_J f_J\, \omega^J$$

wobei J die streng wachsenden Teilfolgen J von I mit $|J| = q$ durchläuft, und $f_J \in C^\infty(\Gamma\backslash G) \otimes E$. Hier betrachten wir E als identifiziert mit dem Raum der konstanten E-wertigen Funktionen auf $\Gamma\backslash G$. Das Produkt (9) kann dann geschrieben werden als

$$(\eta,\omega) = \int_{\Gamma\backslash G} (h_J, f_J)\,dg$$

wenn $\eta^o = \sum_J h_J\omega^J$ resp. $\omega^o = \sum_J f_J\omega^J$.

Sei δ der adjungierte Operator zu der äußeren Ableitung d in $\Omega^*(X;E)^\Gamma$ und sei

$$(11) \qquad \Delta = d\delta + \delta d$$

wie üblich der Laplaceoperator. Ein Element η in $\Omega^*(X;E)^\Gamma$ heißt harmonisch, wenn $\Delta\eta = o$.

Man erinnere, daß nach Kuga's Lemma ([43], § 6) die Aktion des Laplaceoperators Δ auf η mit $\eta^o = \sum_J h_J\omega^J$ gegeben ist durch die Aktion des Casimir-Elements auf h_J, wobei C auf $C^\infty(\Gamma\backslash G) \otimes E$ durch

$$(12) \qquad -C \otimes 1 + 1 \otimes \tau(C)$$

operiert. Unter Mißbrauch der Notation kann man dann

$$(13) \qquad \Delta\eta = (-C + \tau(C))\eta$$

schreiben.

1.4. In diesem und dem nächsten Abschnitt legen wir einige Notationen fest und stellen wohlbekannte Tatsachen über automorphe Formen zusammen.

Sei $\underline{G}$ wie oben eine zusammenhängende reduktive $\mathbb{Q}$-Gruppe ohne nichttrivialen über $\mathbb{Q}$ definiertem Charakter, und Γ eine arithmetische Untergruppe von $\underline{G}(\mathbb{Q})$. Sei $U(\underline{g})$ die universell einhüllende Algebra von $\underline{g}$ über $\mathbb{C}$, und bezeichne ihr Zentrum mit $Z(\underline{g})$. Sei $\|\ \|$ eine Norm auf $G = \underline{G}(\mathbb{R})$ im Sinne von [16], 1.2. Ist $\underline{G}$ zum Beispiel gegeben als die Nullstellenmenge in $\underline{GL}_n(\mathbb{C})$ einer endlichen Menge rationaler Polynome in den Matrixeingängen, dann kann $\|g\|$ die Hilbert-Schmidt Norm von g als Endomorphismus von $\mathbb{C}^n$ sein, i.e. $\|g\| = (tr(g^*g))^{1/2}$.

Ein Element f des Raumes $C^\infty(\Gamma\backslash G)$ der differenzierbaren komplexwertigen Funktionen auf $\Gamma\backslash G$ heißt <u>automorphe Form für</u> Γ, wenn es den folgenden Bedingungen genügt:

(1) Es existiert eine Norm $\|\ \|$ auf G, und es existieren Konstanten $C > o$ und $d \in \mathbb{N}$, so daß

$$|f(g)| \leq C\|g\|^d , \qquad g \in G$$

i.e. f hat moderates Wachstum.

(2) f ist rechts K-endlich, i.e. die Rechtstranslatierten von f unter K spannen einen endlichdimensionalen Vektorraum auf.

(3) f ist $Z(\underline{g})$-endlich, i.e. die $z.f$, $z \in Z(\underline{g})$, spannen einen endlichdimensionalen Raum auf. Der Raum der automorphen Formen für Γ werde mit $\underline{A}(\Gamma,G)$ bezeichnet.

Die folgenden zwei Tatsachen sind wohlbekannt (cf. § 2 in [16], wo man auch andere Literaturhinweise findet):

(4) Der Raum $\underline{A}(\Gamma,G)$ ist in natürlicher Weise ein $(\underline{g},K)$-Modul.

(5) Ist f ein Element von $\underline{A}(\Gamma,G)$, und $V(f)$ bezeichnet das K-Erzeugnis von f, dann ist $U(\underline{g}).V(f)$ ein zulässiger $(\underline{g},K)$-Modul.

Man erinnere, daß ein $(\underline{g},K)$-Modul zulässig heißt, wenn alle isotypischen Unterräume bezüglich der Aktion von K endlich-dimensional sind.

<u>Bemerkungen</u>: (1) In 1.1. legten wir eine endlichdimensionale komplexrationale Darstellung (τ,E) von G fest, die mit einem zulässigen Skalarprodukt versehen ist. Der Begriff einer E-wertigen automorphen Form kann dann analog definiert werden: Es ist eine E-wertige differenzierbare Funktion $f : \Gamma\backslash G \to E$, die den Bedingungen

(2') $f(gk) = \tau(k^{-1})f(g)$, $g \in G$, $k \in K$,

und (1), (3) genügt, wobei $|\ \ |$ in (1) sich auf die Norm in E bezieht, die durch das zulässige Skalarprodukt gegeben ist. Mit $\underline{A}(\Gamma,G;E)$ wird der Raum der E-wertigen automorphen Formen bezeichnet.

(2) Um den Rahmen dieser Arbeit nicht zu weit zu machen, haben wir den Begriff der automorphen Form für Γ nur unter der Annahme erinnert, daß Γ arithmetisch definiert ist. Dieselbe Definition ist aber auch gültig für eine diskrete Untergruppe Γ' einer reell reduktiven Liegruppe G' im Sinne von [20], so daß $\Gamma'\backslash G'$ endliches Volumen hat.

1.5. Der konstante Term. Man nennt eine stetige Funktion f auf G cuspidal, wenn sie der Bedingung

(1) $$\int_{U_Q \cap \Gamma\backslash U_Q} f(u\cdot g)du = 0$$

für alle $g \in G$ und alle eigentlichen parabolischen $\mathbb{Q}$-Untergruppen Q von G genügt, wobei U_Q das unipotente Radikal von Q und du ein invariantes Haarsches Maß auf U_Q bezeichnet. Wir nehmen jetzt und in Zukunft, wenn wir ein solches Integral wie in (1) schreiben, an, daß das Haarsche Maß du durch $\mathrm{vol}_{du}(U_Q \cap \Gamma\backslash U_Q) = 1$ normalisiert ist. Eine Spitzenform ist nach Definition eine cuspidale automorphe Form. Wir bezeichnen den Raum der Spitzenformen in $\underline{A}(\Gamma,G)$ mit $\underline{A}_o(\Gamma,G)$.

Sei $\underline{P}$ eine parabolische Untergruppe von $\underline{G}$ definiert über $\mathbb{Q}$, $\underline{N}$ das unipotente Radikal von $\underline{P}$; dann ist $\underline{M} = \underline{P}/\underline{N}$ eine reduktive $\mathbb{Q}$-Gruppe. Bezeichne mit Γ_M das Bild von $\Gamma \cap P$ unter der natürlichen Projektion $\underline{P}(\mathbb{Q}) \to \underline{M}(\mathbb{Q})$; dann ist Γ_M eine arithmetisch definierte Untergruppe von $\underline{M}(\mathbb{Q})$ (cf. [8], 7.13). Für $f \in \underline{A}(\Gamma,G)$ definieren wir wie gewöhnlich den konstanten Term bezüglich $P = \underline{P}(\mathbb{R})$ durch

(2) $$f_P(g) = \int_{N \cap \Gamma \backslash N} f(n \cdot g)\,dn \ ,$$

wobei das invariante Haarsche Maß wie in (1) normalisiert ist.

Definiert man

(3) $$H_P(f)(m) = f_P(m) \ , \quad f \in \underline{A}(\Gamma,G) \ , \ m \in \underline{M}(\mathbb{R})$$

dann ist $H_P(f)$ ein Element von $C^\infty(\Gamma_M \backslash \underline{M}(\mathbb{R}))$. Dies gibt uns sogar eine Abbildung

(4) $$H_P \ : \ A(\Gamma,G) \rightarrow A(\Gamma_M, \underline{M}(\mathbb{R})) \ ,$$

die ein $(\underline{m}, K \cap P)$-Modulhomomorphismus ist (cf. [29], chapter 1). Hier ist $\underline{m}$ die Liealgebra von $\underline{M}(\mathbb{R})$.

Man beachte, daß für ein linksinvariantes Vektorfeld $Y \in \underline{g}$ auf G die Bildung des konstanten Terms von $f \in \underline{A}(\Gamma,G)$ bezüglich P mit der Aktion von Y verträglich ist, i.e.

(5) $$\begin{aligned} (Yf)_P(g) &= \int_{N \cap \Gamma \backslash N} \frac{d}{dt} f(n \cdot g \cdot \exp t Y)\Big|_{t=0} du \\ &= \frac{d}{dt} \int_{N \cap \Gamma \backslash N} f(n \cdot g \cdot \exp t Y)\,du\Big|_{t=0} \\ &= Y(f_P)(g) \end{aligned}$$

(cf. [49], 4.7.).

<u>Bemerkungen</u>: (1) Der Begriff und die Eigenschaften des konstanten Terms übertragen sich sofort auf E-wertige automorphe Formen bezüglich Γ .

(2) In natürlicher Weise kann der Begriff des konstanten Terms für jede stetige Funktion f auf G definiert werden, die Rechts-K-endlich ist.

Sei nun $\omega \in \Omega^*(\Gamma,X;E)$ eine vorgegebene Differentialform, und man schreibe nach 1.3.

$$(6) \qquad \omega^o = \sum_J f_J\, \omega^J , \qquad f_J \in C^\infty(\Gamma\backslash G) \otimes E .$$

Wir setzen voraus, daß die Koeffizientenfunktionen f_J E-wertige automorphe Formen sind. Der konstante Term von ω bezüglich P wird dann definiert durch

$$(7) \qquad \omega_P^o = \sum_J (f_J)_P\, \omega^J .$$

Die $(f_J)_P$ sind E-wertige Funktionen auf G, die linksinvariant unter $(\Gamma \cap P)\cdot N$ sind und (7) gibt uns eine Differentialform $\omega_P \in \Omega^*(\Gamma \cap P\backslash X;E)$. Da die Bildung des konstanten Terms verträglich ist mit der Aktion eines linksinvarianten Vektorfeldes $Y \in \underline{g}$, gilt, daß ω_P eine geschlossene Form ist, falls ω geschlossen ist (cf. [49], 4.7.).

Natürlich hätten wir auch anstelle von (7) die äquivalente direkte Definition als $\omega_P(g) = \int_{\Gamma \cap N\backslash N} \omega(ng)dn$ geben können.

1.6. Spitzenkohomologie. Sei $L^2(\Gamma\backslash G)$ der Raum der komplexwertigen, quadratintegrierbaren Funktionen auf $\Gamma\backslash G$; dies ist via der rechtsregulären Aktion eine unitäre Darstellung von G. Der Raum $L^2(\Gamma\backslash G)$ zerlegt sich als Summe des diskreten Spektrums und des kontinuierlichen Spektrums (cf. [37], [29])

$$L^2(\Gamma\backslash G) = L^2_{dis}(\Gamma\backslash G) \oplus L^2_{cont}(\Gamma\backslash G) .$$

Das kontinuierliche Spektrum ist eine direkte Hilbertsumme invarianter Unterräume, von denen jeder stetiges Integral unitär induzierter Hauptseriendarstellungen ist [37]. Das diskrete Spektrum zerlegt sich weiter in das residuelle Spektrum und den Raum $L^2_o(\Gamma\backslash G)$ derjenigen Funktionen in $L^2(\Gamma\backslash G)$, die der cuspidalen Bedingung 1.5.(1) genügen:

(1) $$L^2_{dis}(\Gamma\backslash G) = L^2_o(\Gamma\backslash G) \otimes L^2_{res}(\Gamma\backslash G) .$$

Der Raum $L^2_o(\Gamma\backslash G)$ der cuspidalen Funktionen ist ein G-invarianter Unterraum, der sich nach einem Resultat von Gelfand und Piateckii-Shapiro ([29], 1. § 2) als direkte Hilbertsumme abgeschlossener irreduzibler Unterräume mit endlichen Multiplizitäten $m(\pi,\Gamma)$ schreibt:

(2) $$L^2_o(\Gamma\backslash G) = \widetilde{\bigoplus_{\pi \in \hat{G}}} m(\pi,\Gamma) H_\pi .$$

Sei $L^2_o(\Gamma\backslash G)^\infty$ der Unterraum der C^∞-Vektoren in $L^2_o(\Gamma\backslash G)$. Nach Definition besteht er aus den Funktionen f in $C^\infty(\Gamma\backslash G)$, so daß Yf quadratintegrierbar ist für jedes Y in $U(\underline{g})$ und f genügt der cuspidalen Bedingung. Die Inklusion $L^2_o(\Gamma\backslash G)^\infty \subset C^\infty(\Gamma\backslash G)$ induziert einen natürlichen Homomorphismus in der $(\underline{g},K)$-Kohomologie

(3) $$H^*(\underline{g},K;L^2_o(\Gamma\backslash G)^\infty \otimes E) \longrightarrow H^*(\underline{g},K;C^\infty(\Gamma\backslash G) \otimes E) = H^*(\Gamma,X;E) .$$

Wegen Korollar 5.5. in [11] ist der Homomorphismus (3) injektiv. Die <u>Spitzenkohomologie</u> $H^*_{cusp}(\Gamma,X;E)$ von $\Gamma\backslash X$ mit Koeffizienten in E wird dann definiert als das Bild des Homomorphismus (3). Man schreibt auch $H^*_{cusp}(\Gamma;E)$ für diesen Raum. Nach einem Ergebnis von Borel-Garland ([9],[15] § 5) kann $H^*_{cusp}(\Gamma,X;E)$ mit dem Raum der harmonischen Formen in $D^*(\underline{g},K;L^2_o(\Gamma\backslash G)^\infty \otimes E)$ identifiziert werden. Darüberhinaus gibt die direkte Summenzerlegung (2) von $L^2_o(\Gamma\backslash G)$ eine direkte Summenzerlegung für die Kohomologie

(4) $$H^*_{cusp}(\Gamma,X;E) = \bigoplus_{\pi \in \hat{G}} m(\pi,\Gamma) H^*(\underline{g},K;H^\infty_\pi \otimes E) ,$$

wobei die Summe endlich ist, und H^∞_π den Unterraum der C^∞-Vektoren in H_π bezeichnet.

Sei $\underline{H}^*_{(2)}(\Gamma,X;E)$ der Raum der quadratintegrierbaren harmonischen E-wertigen Differentialformen auf X, die Γ-invariant sind. Aus den Resultaten von Borel-Garland ([15], § 5) folgt, daß dieser Raum endlich-dimensional ist und mittels relativer Liealgebrakohomologie geschrieben werden kann als (cf. auch [22], [13])

$$(5) \qquad \underline{H}^*_{(2)}(\Gamma,X;E) = H^*(\underline{g},K;L^2_{dis}(\Gamma\backslash G) \otimes E) .$$

Analog zu (2) ist $L^2_{dis}(\Gamma\backslash G)$ direkte Hilbertsumme irreduzibler Unterräume L_π mit endlichen Multiplizitäten $m(\pi,\Gamma)$, und es wird in [15] gezeigt, daß $H^*(\underline{g},K;L^2_{dis}(\Gamma\backslash G) \otimes E)$ endliche algebraische direkte Summe ist

$$(6) \qquad H^*(\underline{g},K;L^2_{dis}(\Gamma\backslash G) \otimes E) = \bigoplus_{\pi \in \hat{G}} m(\pi,\Gamma) H^*(\underline{g},K;L^\infty_\pi \otimes E) .$$

Da $\Gamma\backslash X$ vollständig ist, gilt $\omega \in \underline{H}_{(2)}(\Gamma,X;E)$ dann und nur dann wenn ω quadratintegrierbar ist (i.e. $\omega \in \Omega_{(2)}(\Gamma,X;E)$) und $d\omega = \delta\omega = 0$ (cf. [47], § 35). Nach einem Ergebnis von Kodaira existieren zu einem $\omega \in \Omega^q_{(2)}(\Gamma,X;E)$ mit $d\omega = 0$ Formen $\omega' \in \underline{H}^*_{(2)}(\Gamma,X;E)$ und $\nu \in \Omega^{q-1}(\Gamma,X;E)$, so daß $\omega = \omega' + d\nu$ (cf. [47] Thm. 14 und 24). Deshalb ist das Bild von $\underline{H}^*_{(2)}(\Gamma,X;E)$ unter der natürlichen Abbildung $\underline{H}^*_{(2)}(\Gamma,X;E) \xrightarrow{\alpha} H^*(\Gamma,X;E)$ gleich dem Raum der Kohomologieklassen von $\Gamma\backslash X$, die durch eine geschlossene quadratintegrierbare Differentialform repräsentiert werden können. Man bemerke, daß α nicht notwendigerweise injektiv ist.

1.7. Parabolische Untergruppen. Für das weitere Vorgehen müssen wir nun einige Notationen und Sprechweisen bezüglich Wurzelsystemen, parabolischer Untergruppen etc. festlegen.

Sei $\underline{P}$ eine parabolische Untergruppe von $\underline{G}$ definiert über $\mathbb{Q}$, $\underline{N}$ das unipotente Radikal von $\underline{P}$; wir bezeichnen mit $\kappa : \underline{P} \to \underline{P}/\underline{N} = \underline{M}$ die kanonische Projektion. Sei $\underline{S}_P$ der maximale zentrale $\mathbb{Q}$-zerfallende Torus von $\underline{P}/\underline{N}$, und bezeichne die Zusammenhangskomponente der Eins von $\underline{S}_P(\mathbb{R})$ mit S_P. Eine Untergruppe A einer Leviuntergruppe von $P = \underline{P}(\mathbb{R})$, so daß A unter κ isomorph auf S_P abgebildet wird heißt zerfallende Komponente von P. Man beachte, daß eine Leviuntergruppe von P isomorph via κ zu der Gruppe der reellen Punkte $\underline{M}(\mathbb{R})$ von $\underline{P}/\underline{N}$ ist. Zum Beispiel, falls $\underline{T}$ ein maximaler Torus im zerfallenden Radikal von $\underline{P}$ ist, so ist die Komponente der Eins T^o von $\underline{T}(\mathbb{R})$ eine zerfallende Komponente von P. Je zwei zerfallende Komponenten von P sind konjugiert unter N. Wir bezeichnen mit A_P die eindeutig bestimmte zerfallende Komponente von P, die stabil unter der Cartaninvolution $\Theta_\kappa = \Theta$ ist (cf. [17], 1.9). Der Zentralisator $Z_G(A)$ einer zerfallenden Komponente A von P ist eine Leviuntergruppe von P. Insbesondere bezeichnen wir mit

(1) $$M = Z_G(A_P)$$

die eindeutig bestimmte Θ-stabile Leviuntergruppe von P. Man bemerke, daß M nicht notwendigerweise über $\mathbb{Q}$ definiert ist. Dann zerlegt sich P als semidirektes Produkt

(2) $$P = M \ltimes N \qquad \text{resp.} \qquad P = A_P \ltimes {}^oP$$

(zur Definition von ${}^oP$ siehe § O). Die Projektion κ induziert einen kanonischen Isomorphismus $\mu : M \xrightarrow{\sim} P/N = \underline{M}(\mathbb{R})$, und wir bezeichnen mit ${}^oM$ das inverse Bild von ${}^o\underline{M}(\mathbb{R})$. Es gilt dann $M = {}^oM \rtimes A_P$. Da M Θ_K-stabil ist, gilt $K \cap P = K \cap {}^oM$, und $K_P = K \cap P$ ist eine maximal kompakte Untergruppe von ${}^oM$, M resp. P. Man erinnere, daß der parabolische Rang $\mathrm{prk}(P)$ von P gegeben ist als die Dimension einer zerfallenden Komponente A von P.

Wir wählen eine minimal parabolische $\mathbb{Q}$-Untergruppe P_o von G mit zerfallender Komponente A_o. Wir nehmen an, daß die Liealgebra $\underline{a}_o$ von A_o orthogonal zu $\underline{k}$ ist bezüglich der symmetrischen nicht-entarteten Bilinearform B. Ein parabolisches Paar (P,A) ist nach Definition eine parabolische $\mathbb{Q}$-Untergruppe P von G mit zerfallender Komponente A; es wird standard (resp. semi-standard) genannt wenn $P \supset P_o$, $A \subset A_o$ (resp. $A \subset A_o$).

Sei $\underline{h}$ eine Cartanunteralgebra von $\underline{g}$, die $\underline{a}_o$ enthält, und bezeichne die zugehörige Cartanuntergruppe $Z_G(\underline{h})$ von G mit H. Sei $\Phi = \Phi(\underline{g}_{\mathbb{C}},\underline{h}_{\mathbb{C}})$ die Menge der Wurzeln von $\underline{g}_{\mathbb{C}}$ bezüglich $\underline{h}_{\mathbb{C}}$, und sei $\Phi_{\mathbb{R}} = \Phi(\underline{g}_{\mathbb{C}},\underline{a}_{o_{\mathbb{C}}})$ die Menge der $\mathbb{R}$-Wurzeln, i.e. die Menge der Wurzeln von $\underline{g}_{\mathbb{C}}$ bezüglich $\underline{a}_{o_{\mathbb{C}}}$. Wir werden die Elemente von Φ (resp. $\Phi_{\mathbb{R}}$) auch als Wurzeln von $G(\mathbb{C})$ bezüglich H (resp. A_o) ansehen. Für ein parabolisches Paar (P,A) bezeichne $\Phi(P,A)$ die Menge der Wurzeln von P bezüglich A und $\Delta(P,A)$ die Menge der einfachen Wurzeln von P bezüglich A. Der Wert eines Charakters α auf $a \in A$ werde mit $\alpha(a)$ oder a^{α} notiert.

Zu einer gegebenen Ordnung auf Φ (resp. $\Phi_{\mathbb{R}}$) bezeichnet Φ^+ (resp. Δ) die Menge der positiven (resp. einfachen) Wurzeln von Φ bezüglich der fixierten Ordnung und analog $\Phi^+_{\mathbb{R}}$ (resp. $\Delta_{\mathbb{R}}$) für die $\mathbb{R}$-Wurzeln $\Phi_{\mathbb{R}}$. Man erinnere, daß die Wahl einer Ordnung auf $\Phi_{\mathbb{R}}$ äquivalent dazu ist, eine minimal parabolische $\mathbb{Q}$-Untergruppe Q_o mit zerfallender Komponente $A_{o,Q}$ zu fixieren, so daß gilt $\Phi(Q_o,A_{o,Q}) = \Phi^+_{\mathbb{R}}$.

Für unsere Wahl der minimal parabolischen $\mathbb{Q}$-Untergruppe P_o von G nehmen wir nun als zerfallende Komponente A_o diejenige eindeutig bestimmte, die Θ_K-stabil ist. Wir wählen eine Ordnung auf $\Phi = \Phi(\underline{g}_{\mathbb{C}},\underline{h}_{\mathbb{C}})$, die verträglich ist mit der durch die Wahl von P_o mit Θ_K-stabilem A_o gegebenen Ordnung auf $\Phi_{\mathbb{R}}$, i.e. die Restriktion eines positiven Elementes ist positiv.

Sei (P,A) ein semistandard parabolisches Paar. Dann ist $\underline{b} = \underline{h} \cap {}^o\underline{m}$ eine Cartanunteralgebra der Liealgebra ${}^o\underline{m}$ von ${}^oM$, und man hat

$$\underline{h} = \underline{b} \oplus \underline{a} \quad .$$

Identifiziert man $\underline{a}^*_{\mathbb{C}}$ (resp. $\underline{b}^*_{\mathbb{C}}$) mit dem Raum der Linearformen auf $\underline{h}$ die auf $\underline{b}$ (resp. $\underline{a}$) verschwinden, so hat man darüberhinaus einen kanonischen Isomorphismus

$$(3) \qquad \underline{h}^*_{\mathbb{C}} \cong \underline{b}^*_{\mathbb{C}} \oplus \underline{a}^*_{\mathbb{C}} .$$

Bezeichnet $\Phi_M = \Phi(\underline{m}_{\mathbb{C}},\underline{h}_{\mathbb{C}}) = \Phi({}^{o}\underline{m}_{\mathbb{C}},\underline{b}_{\mathbb{C}})$ die Menge der Wurzeln von $\underline{m}_{\mathbb{C}}$ bezüglich $\underline{h}_{\mathbb{C}}$, so können wir Φ_M mit der Menge der Wurzeln identifizieren, die auf $\underline{a}$ Null sind, und $\Delta_M = \Delta \cap \Phi_M$ ist die Menge der einfachen Wurzeln bezüglich der Ordnung, die durch die gegebene Ordnung auf Φ induziert wird.

Das Element $\rho_P \in \underline{a}^*$ ist wie gewöhnlich definiert durch

$$a^{\rho_P} = \rho_P(a) = (\det \mathrm{Ad}a_{|\underline{n}})^{1/2} , \quad a \in A ,$$

wobei $\underline{n}$ die Liealgebra des unipotenten Radikals von P bezeichnet. Definiert man $\rho \in \underline{h}^*$ resp. $\rho_{o_M} \in \underline{b}^*$ durch

$$\rho = 1/2 \sum_{\alpha \in \Phi^+} \alpha \quad \text{resp.} \quad \rho_{o_M} = 1/2 \sum_{\alpha \in \Phi^+_M} \alpha ,$$

so gilt

$$(4) \qquad \rho_{|\underline{a}_o} = \rho_{P_o} \quad \text{resp.} \quad \rho_{|\underline{b}} = \rho_{o_M} .$$

Ist (P,A) darüberhinaus standard, so hat man

$$(5) \qquad \rho_{|\underline{a}} = \rho_P .$$

1.8. Borel-Serre-Kompaktifizierung. Sei $\underline{\underline{P}}$ die Menge der parabolischen Untergruppen von G definiert über $\mathbb{Q}$. Nach Borel-Serre [17] kann der Raum X zu einer Mannigfaltigkeit mit Ecken $\overline{X}$ erweitert werden, auf der die arithmetische Gruppe Γ in natürlicher Weise eigentlich und frei operiert. Der Quotient $\Gamma\backslash\overline{X}$ ist dann eine kompakte Mannigfaltigkeit mit Ecken. Der Raum $\overline{X}$ ist mengentheoretisch die disjunkte Vereinigung von Seiten $e(Q)$, die bijektiv mit den Elementen von $\underline{\underline{P}}$ korrespondieren. Zu gegebenem Q ist die Menge der $e(P)$ mit $P \supset Q$ zu einer Ecke $X(Q)$ zusammengefügt, die isomorph zu $(\mathbb{R}^*)^+ \times \mathbb{R}^{n-k}$ mit $n = \dim X$ und $k = \mathrm{prk}(Q)$ ist. Durch Definition bilden die $X(Q)$ eine offene Überdeckung von $\overline{X}$. Die Hülle $\overline{e(Q)}$ von $e(Q)$ in $\overline{X}$ kann durch eine analoge Konstruktion beschrieben werden, indem man die parabolischen $\mathbb{Q}$-Untergruppen von Q verwendet. Insbesondere hat man $e(G) = X$, und der Raum $\Gamma\backslash X$ ist ein Deformationsretrakt von $\Gamma\backslash\overline{X}$. Wir bezeichnen die Randmannigfaltigkeit von $\Gamma\backslash\overline{X}$ mit $\partial(\Gamma\backslash\overline{X}) = \Gamma\backslash\overline{X} - \Gamma\backslash X$. Sie besteht aus einer endlichen Anzahl von Seiten $e'(Q) = \Gamma \cap Q\backslash e(Q)$, die bijektiv zu den Γ-Konjugationsklassen von eigentlichen parabolischen $\mathbb{Q}$-Untergruppen von G, i.e. zu den Elementen $Q \in \Gamma\backslash\underline{\underline{P}}$, $Q \neq G$, korrespondieren. Hier ist $e(P)$ für $P \in \underline{\underline{P}}$ definiert als ${}^{o}P/K \cap P$, und wegen $e'(Q) \cap e'(P) \neq \emptyset$ genau dann wenn ein $\gamma \in \Gamma$ existiert mit $P^{\gamma} = Q$ hängt die Zuordnung nicht von der Auswahl des Repräsentanten $Q \in \Gamma\backslash\underline{\underline{P}}$ ab.

Man hat die lange exakte Kohomologiesequenz

$$(1) \qquad \to H^*(\Gamma\backslash\overline{X},\partial(\Gamma\backslash\overline{X});\tilde{E}) \longrightarrow H^*(\Gamma\backslash\overline{X};\tilde{E}) \xrightarrow{r} H^*(\partial(\Gamma\backslash\overline{X});\tilde{E}) \to$$

des Paares $(\Gamma\backslash\overline{X},\partial(\Gamma\backslash\overline{X}))$, wobei r den Restriktionshomomorphismus, der durch die Inklusion induziert ist, bezeichnet. Sei $H_c^*(\Gamma\backslash X;\tilde{E})$ die Kohomologie mit kompaktem Träger von $\Gamma\backslash X$, und bezeichne mit $H_!^*(\Gamma\backslash X;\tilde{E})$ das Bild von $H_c^*(\Gamma\backslash X;\tilde{E})$ in $H^*(\Gamma\backslash X;\tilde{E})$ unter der natürlichen Abbildung. Da wir $H^*(\Gamma\backslash X;\tilde{E}) = H^*(\Gamma\backslash\overline{X};\tilde{E})$ haben, fügt sich das in die Sequenz (1) durch $\ker(r) = H_!^*(\Gamma\backslash X;E)$ ein. Letzteres heißt auch die <u>innere Kohomologie von</u> $\Gamma\backslash X$.

1.9. Sei P eine parabolische $\mathbb{Q}$-Untergruppe von G und sei $e'(P) = \Gamma \cap P \backslash e(P)$ die zugehörige Seite im Rand

$$\partial(\Gamma\backslash\overline{X}) = \bigcup_{\substack{Q \in \Gamma\backslash \underline{\underline{P}} \\ Q \neq G}} e'(Q)$$

der Borel-Serre Kompaktifizierung des arithmetischen Quotienten $\Gamma\backslash X$. Die natürliche Restriktionsabbildung von der Kohomologie von $\Gamma\backslash\overline{X}$ auf diese Seite werde mit

$$(1) \qquad r_P^* \; : \; H^*(\Gamma\backslash\overline{X};\tilde{E}) \longrightarrow H^*(e'(P),\tilde{E})$$

bezeichnet. Da wir mit Differentialformen auf $\Gamma\backslash X$ anstelle von Formen auf $\Gamma\backslash\overline{X}$ arbeiten werden, ist es von technischem Vorteil, die Restriktion r_P^* direkt auf $\Gamma\backslash X$ zu realisieren. Dies beruht auf einer expliziten Konstruktion von $\Gamma\backslash\overline{X}$ und Betrachtung der Umgebung von $e'(P)$ in $\Gamma\backslash\overline{X}$. Es kann auf folgende Weise gemacht werden, wobei wir die in 1.7. eingeführte Notation verwenden.

Die Θ-stabile, zerfallende Komponente A_P von P kann kanonisch mit $(\mathbb{R}_+^*)^n$ für ein n, das von P abhängt, identifiziert werden ([17], 4.2.). Dadurch wird eine offene Einbettung von A_P nach $\mathbb{R}^n$ gegeben. Bezeichne mit $\overline{A}_P$ die Hülle von A_P in $\mathbb{R}^n$ ([17], 4.4.) und definiere für $t > o$

$$(2) \qquad A_{P,t} = \{a \in A_P \mid a^\alpha \geq t \;,\; \alpha \in \Delta(P,A_P)\}$$

resp.

$$(3) \qquad \overline{A}_{P,t} = \{a \in \overline{A}_P \mid a^\alpha \geq t \;,\; \alpha \in \Delta(P,A_P)\} \quad .$$

Sei $\mu_o : A_P \times e(P) \xrightarrow{\sim} X$ der in [17], § 5 definierte Isomorphismus, der verträglich ist mit der Aktion von $\Gamma \cap P$ auf beiden Seiten. Dann existiert ein $t_o > 0$, so daß die beiden Äquivalenzrelationen, die durch Γ und $\Gamma \cap P$ auf

$$(4) \qquad U_{P,t} = \mu_o(A_{P,t} \times e(P))$$

definiert werden, für jedes $t > t_o$ zusammenfallen. Man erhält deshalb einen Isomorphismus

$$(5) \qquad A_{P,t} \times (\Gamma \cap P)\backslash e(P) = A_{P,t} \times e'(P) \xrightarrow{\sim} \sigma(U_{P,t})$$

wobei $\sigma : X \to \Gamma\backslash X$ die natürliche Projektion bezeichnet. Setzen wir $\overline{U}_{P,t} = \mu_o(\overline{A}_{P,t} \times e(P))$, so erweitert sich (5) zu einem Isomorphismus für $t > t_o$

$$(6) \qquad \overline{A}_{P,t} \times e'(P) \xrightarrow{\sim} \sigma(\overline{U}_{P,t}) .$$

Wir sehen, daß $\sigma(\overline{U}_{P,t})$ eine Umgebung von $e'(P)$ in $\Gamma\backslash\overline{X}$ ist, so daß der Durchschnitt $\sigma(\overline{U}_{P,t}) \cap \Gamma\backslash X$ kanonisch isomorph zu $A_{P,t} \times e'(P)$ ist. (cf. [17], § 10)

Sei $t > t_o$, $a \in A_{P,t}$, und bezeichne mit $[\ ]|_{a\cdot e'(P)}$ die Restriktion einer Klasse $[\ ]$ in $H^*(\Gamma\backslash X;E)$ auf $a \cdot e'(P)$. Dann gilt $[\ ]|_{a\cdot e'(P)} = [\ ]|_{a'\cdot e'(P)}$ für $a,a' \in A_{P,t}$, und die Restriktion r_P^* kann realisiert werden als $[\ ]|_{a\cdot e'(P)}$ wegen der durchgeführten Betrachtungen, i.e. man hat

$$(7) \qquad r_P^*([x]) = [x]|_{e'(P)} , \quad [x] \in H^*(\Gamma\backslash X;E) = H^*(\Gamma\backslash\overline{X};E) ,$$

wobei wir die Notation vereinfacht haben, da es nicht von $a \in A_t$, $t > t_o$ abhängt.

Wir können nun des folgende Prinzip aussprechen, das besagt, daß eine Klasse in $H^*(\Gamma\backslash X;E)$, repräsentiert durch eine geschlossene Form, deren Koeffizientenfunktionen moderates Wachstum haben, unter der Restriktion r_P^*

studiert werden kann, indem man den konstanten Term bezüglich P betrachtet. (cf. [26], p. 152, [49], 9.1, [14], 2.5)

1.10. SATZ. Sei $\omega \in \Omega^*(X,E)^\Gamma$ mit $\omega^o = \sum_J f_J \omega^J$ (cf. 1.3.(10)) eine geschlossene Form. Die Koeffizientenfunktionen f_J seien E-wertige automorphe Formen. Dann gilt

$$[\omega]|_{e'(P)} = [\omega_P]|_{e'(P)} ,$$

und das Bild von $[\omega]$ unter r_P^* kann identifiziert werden mit $[\omega_P]|_{e'(P)}$.

Der Grund für diesen Satz ist die Tatsache in der Theorie der automorphen Formen (cf. [29], I, § 7), daß für gegebenes $f \in \underline{A}(\Gamma,G;E)$ die Funktion $f - f_P$ auf jeder Siegelmenge $S_{t,\psi}$ in G bezüglich P schnell abnehmend ('fast decreasing') ist, wobei $S_{t,\psi} = A_{P,t}\psi K$, $t > t_o$, und ψ eine kompakte Teilmenge von ${}^oP$, i.e. man hat

$$(1) \qquad |f(a,y) - f_P(a,y)| \prec a^\mu \quad , \quad a \in A_{P,t} , \; y \in \psi \cdot K$$

für jedes $\mu \in X(A_o)$. Hier bezeichnet $X(A_o)$ die Gruppe der stetigen Homomorphismen der Θ-stabilen zerfallenden Komponenten A_o der minimal parabolischen $\mathbb{Q}$-Untergruppe P_o nach $\mathbb{R}_+^*$. Man bemerke, daß jedes $\mu \in X(A_o)$ in kanonischer Weise eindeutig ein Element $\mu \in X(A_P)$ bestimmt (cf. [11], 1.2), so daß die Schreibweise in (1) sinnvoll ist. Nach Annahme sind die Koeffizientenfunktionen f_J von ω E-wertige automorphe Formen; aus (1) folgt deshalb, daß $\omega^o - \omega_P^o \in \Omega^*(G;E)^{\Gamma \cap P}$ schnell abnehmend in dem in [11], 3.9. definierten Sinne ist. Der Beweis von 3.10. in [11] zeigt dann, daß $\omega - \omega_P$ ebenfalls schnell abnehmend ist, i.e. wenn man $\omega - \omega_P$ bezüglich der Trivialisierung $\mu_o : A_P \times e(P) \to X$ in einem speziell wie in [10], § 5 gewählten n-Bein ausdrückt

$$\mu_o^*(\omega-\omega_P) = \sum_J h_J \eta^J$$

hat man

$$|h_J(a,y)| \prec a^\mu \quad , \quad a \in A_{P,t} \quad , \quad y \in \overline{\psi} \quad ,$$

für jedes $\mu \in X(A_o)$ auf jeder Siegelmenge $S_{t,\overline{\psi}}$, wobei $\overline{\psi}$ eine kompakte Teilmenge von $e(P)$ ist. Das impliziert, daß die Werte $V(a_t)$ des Integrals von $\omega - \omega_P$ über $a_t \cdot C$, wobei C ein kompakter Zykel in $e(P)$ ist und $a_t \in A_t$ $(t > t_o)$, gegen Null streben, wenn t gegen Unendlich läuft. Nun sind aber, wie schon zuvor bemerkt, $a_t \cdot C$ und $a_{t'} \cdot C$ homolog für verschiedene $t,t' > 0$ und $a_t, a_{t'}$. Der Wert $V(a_t)$ ist deshalb insbesondere unabhängig von t; es folgt, daß $V(a_t)$ Null ist für $t > t_o$, $a_t \in A_t$, und wir erhalten das gewünschte Resultat.

1.11. Bemerkung. Zur vorgegebenen Seite $e'(P)$ im Rand der Borel-Serre-Kompaktifizierung $\Gamma\backslash\overline{X}$ ist die natürliche Restriktion $r_P^* : H^*(\Gamma\backslash\overline{X};E) \to H^*(e'(P),E)$ definiert. Wir setzen

$$(1) \qquad H^*(\Gamma\backslash\overline{X};E)_{\underline{\underline{P}}} = \bigcap_{\substack{P \in \Gamma\backslash\underline{\underline{P}} \\ P \neq G}} \ker r_P^* \quad .$$

Dann hat man

$$(2) \qquad H_!^*(\Gamma\backslash\overline{X},E) = \ker r^* \subset H^*(\Gamma\backslash\overline{X},E)_{\underline{\underline{P}}} \quad ,$$

wobei r^* die Restriktion $H^*(\Gamma\backslash\overline{X},E) \to H^*(\partial(\Gamma\backslash\overline{X}),E)$ bezeichnet. Man bemerke, daß man im allgemeinen nicht ausschließen kann, daß es Klassen in $H^*(\Gamma,X;E)_{\underline{\underline{P}}}$ geben könnte, die nicht in $\ker r^*$ sind. Nach Definition wären das Klassen, deren Einschränkung auf jede einzelne Seite trivial ist, die jedoch in der Kohomologie $H^*(\partial(\Gamma\backslash\overline{X}),E)$ nicht verschwinden. Bis jetzt wurde eine solche Klasse jedoch nicht gefunden (cf. [40], 6.2, [14], 4.1.).

§ 2 Kohomologie einer Seite $e'(P)$ im Rand von $\Gamma\backslash\overline{X}$

Zu einer gegebenen parabolischen $\mathbb{Q}$-Untergruppe P von G beschreiben wir die Seite $e'(P)$ im Rand der Borel-Serre-Kompaktifizierung. Die Seite $e'(P)$ ist gefasert über einem arithmetischen Quotienten des symmetrischen Raumes, der zum reduktiven Anteil von P assoziiert ist, mit Faser eine kompakte Nilmannigfaltigkeit, die ein arithmetischer Quotient des unipotenten Radikals von P ist. Die Kohomologiespektralsequenz dieser Faserung degeneriert.

2.1. Sei P eine parabolische $\mathbb{Q}$-Untergruppe von G mit zerfallender Θ-stabiler Komponente $A = A_P$ wie in 1.7.; mit N werde das unipotente Radikal von P bezeichnet. Wir setzen für eine torsionsfreie arithmetische Untergruppe Γ von G

(1) $$\Gamma_P = \Gamma \cap P \quad \text{resp.} \quad \Gamma_N = \Gamma \cap N ,$$

und es gilt dann (cf. [17], § 9)

(2) $$e'(P) = \Gamma_P\backslash {}^oP/K \cap P = \Gamma_P\backslash e(P) .$$

Der Quotient $\underline{M} = \underline{P}/\underline{N}$ ist eine reduktive algebraische $\mathbb{Q}$-Gruppe, und es sei $\kappa : P = \underline{P}(\mathbb{R}) \to \underline{M}(\mathbb{R}) = \underline{P}(\mathbb{R})/\underline{N}(\mathbb{R})$ die natürliche Projektion für die Gruppe der reellen Punkte. Dann induziert κ einen kanonischen Isomorphismus $\mu : M \xrightarrow{\sim} P/N = \underline{M}(\mathbb{R})$, wobei $M = Z_G(A)$ die eindeutig bestimmte Θ-stabile Leviuntergruppe von P ist (cf. 1.7.). Setzen wir

(3) $$\Gamma_M = \kappa(\Gamma_P) \quad \text{resp.} \quad K_M = \kappa(K \cap P) ,$$

so ist Γ_M eine arithmetisch definierte Untergruppe ([8], 7.13), und K_M eine maximal kompakte Untergruppe von ${}^o\underline{M}(\mathbb{R})$ resp. $\underline{M}(\mathbb{R})$, die isomorph zu $K \cap P = K \cap M$ ist. Der Quotient

(4) $\quad Z_M = {}^{\circ}\underline{M}(\mathbb{R})/K_M$

ist wieder ein symmetrischer Raum, und die Restriktion der symmetrischen nicht-entarteten Bilinearform B von $\underline{g}$ (cf. 1.3.) auf die Liealgebra ${}^{\circ}\underline{m}$ von ${}^{\circ}\underline{M}(\mathbb{R})$ genügt den zu 1.3.(7), (8) analogen Bedingungen. Die Projektion $e(P) = {}^{\circ}P/K \cap P \to {}^{\circ}\underline{M}(\mathbb{R})/K_M$ induziert dann eine lokal-triviale Faserung

(5) $\quad e'(P) = \Gamma_P \backslash e(P) \longrightarrow \Gamma_M \backslash Z_M$

mit Faser die kompakte Mannigfaltigkeit $\Gamma_N \backslash N$. Die Aktion der Fundamentalgruppe Γ_M von $\Gamma_M \backslash Z_M$ auf der Faser ist induziert durch die natürliche Aktion von ${}^{\circ}\underline{M}(\mathbb{R})$ auf N, die durch innere Automorphismen gegeben ist (cf. [26], S. 138).

Der Quotient Z_M kann offenbar identifiziert mit ${}^{\circ}M/K \cap M$, und die Basis der Faserung (5) kann realisiert werden als $\mu^{-1}(\Gamma_M) \backslash {}^{\circ}M/K \cap M$. Wir werden der Einfachheit halber auch das inverse Bild von Γ_M unter dem Isomorphismus $\mu : M \to \underline{M}(\mathbb{R})$ mit Γ_M bezeichnen. Man beachte, daß falls M über $\mathbb{Q}$ definiert ist, $\mu^{-1}(\Gamma_M)$ eine arithmetische Untergruppe von ${}^{\circ}M$ ist, die $\Gamma \cap M$ als Untergruppe von endlichem Index enthält, aber nicht notwendigerweise damit zusammenfällt. Es ist diese Realisierung von (5), die den Index M an Z_M resp. Γ_M rechtfertigt, und wir werden auch nicht unbedingt immer streng zwischen $\mu^{-1}(\Gamma_M) \backslash {}^{\circ}M$ und $\Gamma_M \backslash {}^{\circ}\underline{M}(\mathbb{R})$ unterscheiden, zumal es in vielen Fällen nicht auf die arithmetische Definiertheit der Gruppe Γ_M ankommt.

In der Folge diskutieren wir nun kurz die assoziierte Kohomologiespektralsequenz zu der Faserung (5). Wir werden sehen, daß sie degeneriert und daß die Kohomologie von $e'(P)$ gegeben ist als die Kohomologie von $\Gamma_M \backslash Z_M$ mit Koeffizienten in dem System, das durch die Kohomologie der Faser $\Gamma_N \backslash N$ definiert wird. Die letztere diskutieren wir nun.

2.2. Kohomologie der Faser (cf. [26], § 2). Sei $\underline{n}$ die Liealgebra von N ; dann induziert die natürliche Inklusion

$$\alpha \; : \; \mathrm{Hom}(\Lambda^* \underline{n}, E) \; = \; \Omega^*(N;E)^N \longrightarrow \Omega^*(N;E)^{\Gamma_N}$$

einen Isomorphismus in der Kohomologie. Das Inverse zu α ist induziert durch $\beta : \Omega^*(N;E)^{\Gamma_N} \to \Omega^*(N;E)^N$, das für eine Form $\omega \in \Omega^*(N,E)^{\Gamma_N}$ definiert ist durch Integration über die kompakte Mannigfaltigkeit $\Gamma_N\backslash N$

$$\beta(\omega) \; = \; \int_{\Gamma_N\backslash N} \omega(n)\, dn \; ;$$

hier bezeichnet dn ein Haarsches Maß auf N so daß $\mathrm{vol}_{dn}(\Gamma_N\backslash N) = 1$. Man hat deshalb

$$H^*(\underline{n};E) \; = \; H^*(\Gamma_N\backslash N;E)$$

(cf. [45], Thm. 1, [59], Thm. 9). Man beachte, daß die natürliche Aktion von M auf $H^*(\underline{n};E)$ sich auf die Aktion von Γ_M auf der Kohomologie der Faser einschränkt. Durch Strukturtransfer hat die Kohomologie der Faser deshalb eine natürliche M-Modul-Struktur. Um ein Ergebnis von Kostant ([34], Thm. 5.14) zu erinnern, das diese Modulstruktur vollständig beschreibt, müssen wir vorher einige Notationen festlegen.

2.3. Wir benutzen die in 1.7. eingeführte Notation. Sei $W = W(\underline{g}_{\mathbb{C}},\underline{h}_{\mathbb{C}})$ die Weylgruppe von $\underline{g}_{\mathbb{C}}$ bezüglich $\underline{h}_{\mathbb{C}}$, und für eine gegebene standard parabolische $\mathbb{Q}$-Untergruppe P mit zerfallender Komponente A_P sei $W_M = W({}^{o}\underline{m}_{\mathbb{C}},\underline{b}_{\mathbb{C}}) = W(\underline{m}_{\mathbb{C}},\underline{h}_{\mathbb{C}})$ analog für das Paar $({}^{o}\underline{m}_{\mathbb{C}},\underline{b}_{\mathbb{C}})$ definiert. Dann existiert in jeder Rechtsnebenklasse von W_M in W ein eindeutig bestimmtes Element w , das durch jede der folgenden äquivalenten Eigenschaften charakterisiert werden kann:

(1) $w^{-1}(\Delta_M) \subset \Phi^+$

(2) Das Element w hat kürzeste Länge in der Rechtsnebenklasse $W_M \cdot w$.

(3) Für jedes $v \in W_M$ $\ell(v \cdot w) = \ell(v) + \ell(w)$,

wobei die Länge $\ell(v)$ wie üblich gemeint ist bezüglich der Menge der Reflektionen in W, die zu den Elementen in Δ korrepondieren. Man beachte, daß die Länge eines Elementes von W_M dieselbe in W ist wie in W_M. Es folgt, daß die Projektion $W \to W_M \backslash W$ einen natürlichen Schnitt besitzt, dessen Bild entsprechend (1) als

(4) $$W^P = \{w \in W \mid w^{-1}(\Delta_M) \subset \Phi^+\}$$

beschrieben werden kann (cf. [34] Prop. 5.13, Remark 5.13 oder [19], Prop. 3.9).

Sei w_G (resp. w_M) das längste Element in W (resp. W_M); die Länge ist gegeben durch $\ell(w_G) = |\Phi^+|$ (resp. $\ell(w_M) = |\Phi_M^+|$). Das Element

(5) $$w_P = w_M \cdot w_G$$

liegt in W^P und hat die Länge $\ell(w_P) = \ell(w_G) - \ell(w_M)$. In der Tat, w_P ist das längste Element in W^P, und man beachte $\ell(w_P) = \dim N$.

2.4. SATZ ([34], Thm. 5.14). <u>Sei</u> $\lambda \in \underline{h}^*_{\mathbb{C}}$ <u>ein dominantes Gewicht von</u> $\underline{G}(\mathbb{C})$, <u>und die endlich-dimensionale komplex rationale Darstellung</u> (τ,E) <u>habe höchstes Gewicht</u> λ. <u>Sei</u> P <u>eine parabolische</u> $\mathbb{Q}$<u>-Untergruppe von</u> G <u>mit</u> Θ<u>-stabiler zerfallender Komponente</u> A_P, <u>und man nehme an, daß</u> (P,A_P) <u>standard sei. Dann hat man einen Isomorphismus von</u> ${}^oM$<u>-Moduln</u>

$$H^q(\underline{n},E) = \bigoplus_{\substack{w \in W^P \\ \ell(w) = q}} F_{w(\lambda+\rho)-\rho} ,$$

<u>wobei für</u> $\nu \in \underline{b}^*_{\mathbb{C}}$ F_ν <u>einen irreduziblen</u> $M(\mathbb{C})$<u>-Modul mit höchstem Gewicht</u> ν <u>bezeichnet</u>.

Bemerkungen: (1) Der Modul $F_{w(\lambda+\rho)-\rho}$ wird durch Restriktion als ${}^{o}M$-Modul betrachtet. Die Gruppe M ist das direkte Produkt von ${}^{o}M$ und A_p, also ist $F_{w(\lambda+\rho)-\rho}$ ein irreduzibler ${}^{o}M$-Modul. Schränkt man diesen auf ${}^{o}M^{o}$ ein, so bekommt man ein Vielfaches der irreduziblen Darstellung von ${}^{o}M^{o}$ mit höchstem Gewicht $w(\rho+\lambda)-\rho|_{\underline{b}_{\mathbb{C}}}$.

(2) Wie in 2.4. nehmen wir für den Rest der Arbeit an, daß (τ,E) gewählt wie in 1.1. höchstes Gewicht λ hat, wobei $\lambda \in \underline{h}^*_{\mathbb{C}}$ ein dominantes Gewicht von $\underline{G}(\mathbb{C})$ ist. Wenn wir diese Tatsache betonen wollen, so schreiben wir E_λ anstelle von E.

2.5. Im Verlauf des Beweises von 2.4. entwickelt Kostant ein gewisses Analogon zu der harmonischen Theorie von Differentialformen wie folgt (cf. [34], § 3): In 1.1. haben wir eine zulässige Metrik auf E fest gewählt; bezüglich der adjungierten Aktion von M auf $\underline{n}$ gibt es ebenfalls eine zulässige Metrik auf $\underline{n}$. Sie ist gegeben durch Restriktion der positiv-definiten Metrik auf $\underline{g}$

(1) $$\underline{g}_o(U,U') := -B(U,\Theta U') \quad , \qquad (U,U' \in \underline{g})$$

nach $\underline{n}$ (cf. Lemma 2.4. in [26]). Dies induziert dann eine zulässige Metrik auf $\mathrm{Hom}(\Lambda^*\underline{n},E)$. Sei δ der adjungierte Operator

(2) $$\delta \; : \; \mathrm{Hom}(\Lambda^q\underline{n},E) \rightarrow \mathrm{Hom}(\Lambda^{q-1}\underline{n},E)$$

zum Randoperator d des Komplexes $\mathrm{Hom}(\Lambda^*\underline{n},E)$ bezüglich dieser Metrik. Dann sind d und δ disjunkt im Sinne von Kostant ([34], 2.1.), und wir können durch $L = d\delta + \delta d$ den zugehörigen Laplace-Operator definieren. Nach Proposition 2.1. in [34] hat man

(3) $$\ker L \subset \ker d \quad ,$$

und wir bezeichnen die harmonischen Kozykel mit $\mathbb{H}^*(\underline{n},E) = \ker L$. Das ist ein M-invarianter Unterraum von $\mathrm{Hom}(\Lambda^*\underline{n},E)$, und man hat eine natürliche Identifikation (cf. 3.5.4. in [34])

$$(4) \qquad H^*(\underline{n},E) = \mathbb{H}^*(\underline{n},E) \quad ,$$

die verträglich ist mit der M-Modulstruktur. Dadurch ist eine Einbettung $H^*(\underline{n},E) \hookrightarrow \mathrm{Hom}(\Lambda^*\underline{n},E)$ gegeben, die wir mit h bezeichnen.

2.6. Die Identifikation 2.5(4) ist von Harder (cf. [26], S. 139) verwendet worden, eine Einbettung

$$(1) \qquad \Omega^*(Z_M;H^*(\underline{n},E))^{\Gamma_M} \longrightarrow \Omega^*({}^oP/K_P;E)^{\Gamma_P}$$

zu konstruieren. Die linke Seite von (1) kann wegen 1.3.(6) und [20], I, 1 identifiziert werden mit

$$(2) \qquad \mathrm{Hom}_{\underline{K_P}}(\Lambda^*({}^o\underline{m}/\underline{k}_m),H^*(\underline{n},E) \otimes C^\infty(\Gamma_M\backslash{}^oM)) =$$

$$= (\Lambda^*({}^o\underline{m}/\underline{k}_m)^* \otimes H^*(\underline{n},E) \otimes C^\infty(\Gamma_M\backslash{}^oM))^{K_P} \quad ,$$

wobei die Invarianten unter der diagonalen Aktion von K_P genommen werden. Die Liealgebra ${}^o\underline{p}$ von ${}^oP$ zerlegt sich orthogonal bezüglich g_o

$$(3) \qquad {}^o\underline{p} = {}^o\underline{m} \oplus \underline{n} \quad ,$$

und man erhält

$$(4) \qquad {}^o\underline{p}/\underline{k}_p = {}^o\underline{m}/k_m \oplus \underline{n} \quad .$$

Deshalb hat man eine natürliche Inklusion

$$(5) \qquad \Lambda^*({}^o\underline{m}/\underline{k}_m)^* \otimes \Lambda^*(\underline{n})^* \longrightarrow \Lambda^*({}^o\underline{p}/\underline{k}_p)^* \quad .$$

Die Einbettung $h : H^*(\underline{n},E) \to \mathrm{Hom}(\Lambda^*\underline{n},E)$ kombiniert mit (5) induziert dann die Abbildung

$$(6)\qquad \Lambda^*({}^o\underline{m}/\underline{k}_m)^* \otimes H^*(\underline{n},E) \otimes C^\infty(\Gamma_M\backslash {}^oM)$$

$$\longrightarrow \Lambda^*({}^o\underline{m}/\underline{k}_m)^* \otimes \Lambda^*(\underline{n})^* \otimes E \otimes C^\infty(\Gamma_M\backslash {}^oM)$$

$$\longrightarrow \Lambda^*({}^o\underline{p}/\underline{k}_p)^* \otimes E \otimes C^\infty(\Gamma_P\backslash {}^oP) \quad ,$$

wobei wir im letzten Schritt eine Funktion in $C^\infty(\Gamma_M\backslash {}^oM)$ in natürlicher Weise zu einer Funktion in $C^\infty(\Gamma_P\backslash {}^oP)$ hochgehoben haben, die invariant ist unter N. Die Abbildungen in (6) sind verträglich mit der natürlichen Diagonalaktion von $K_P = K \cap P = K \cap {}^oM$. Deshalb erhält man für festes $q \in \mathbb{N}$ die gewünschte Einbettung (1)

$$(7)\qquad \eta^q : \operatorname{Hom}_{K_P}(\Lambda^*({}^o\underline{m}/\underline{k}_m), H^q(\underline{n},E) \otimes C^\infty(\Gamma_M\backslash {}^oM))$$

$$\longrightarrow \operatorname{Hom}_{K_P}(\Lambda^{*+q}({}^o\underline{p}/\underline{k}_p), E \otimes C^\infty(\Gamma_P\backslash {}^oP)) \quad .$$

Bezeichnet man die Differentiationen in den Komplexen mit d_M resp. d_P, so gilt nach Lemma 2.6. in [26]

$$(8)\qquad \eta^{q+1} \circ d_M = d_P \circ \eta^q$$

i.e. die konstruierte Einbettung ist verträglich mit den Differentiationen.

Darüberhinaus kann man beweisen, daß die Einbettung η in (1) verträglich ist mit den Laplaceoperatoren auf beiden Seiten (cf. Lemma 2.7. in [26]); i.e.

$$(9)\qquad \eta^q \circ \Delta_M = \Delta_P \circ \eta^q \quad .$$

Das folgende Ergebnis, das besagt, daß η einen Isomorphismus in der Kohomologie induziert, ist seit längerem bekannt, aber unglücklicherweise in voller Allgemeinheit nicht in der Literatur. In dem Falle, daß $\Gamma_M\backslash Z_M$ kompakt ist, hat Harder ([26], Thm. 2.8) einen Beweis gegeben, der auf den

Eigenschaften (8) und (9) der von ihm konstruierten Einbettung beruht und in seinem letzten Schritt ein Hodge-Theorie-Argument benutzt. Betrachtet man nur harmonische Spitzenformen resp. Spitzenkohomologie, so erweitert sich diese Argumentation unmittelbar auf den allgemeinen Fall. Dies wäre für den späteren Gebrauch ein ausreichendes Resultat. Der Vollständigkeit wegen notieren wir das Ergebnis jedoch in seiner allgemeinen Form. Wir deuten einen einfachen Beweis an, der von A. Borel stammt und auf dem Vergleich zweier Spektralsequenzen beruht. Ich danke ihm sehr für die Erlaubnis, dieses noch unpublizierte Argument bringen zu dürfen.

2.7. THEOREM. - *Die in* 2.6. *konstruierte natürliche Einbettung* $\eta : \Omega^*(Z_M;H^*(\underline{n},E))^{\Gamma_M} \to \Omega^*({}^oP/K_P;E)^{\Gamma_P}$ *induziert einen Isomorphismus der zugehörigen Kohomologieräume, i.e. für die Kohomologie der Seite* $e'(P) = \Gamma_P\backslash e(P)$ *hat man*

$$H^*(e'(P);E) = H^*(\Gamma_M\backslash Z_M;H^*(\underline{n},E)) .$$

Zu der differenzierbaren Faserung $e'(P) \to \Gamma_M\backslash Z_M$ mit Faser $\Gamma_N\backslash N$ gehört in natürlicher Weise eine Spektralsequenz, die durch Komplexe von Differentialformen konstruiert wird. Sie kann wie folgt beschrieben werden (cf. [7]). Ist ω ein Element von $\Omega^*(e'(P),E)$, so kann die Restriktion von ω auf eine lokale Karte $V \subset e'(P)$ in Termen von lokalen Koordinaten (x_i) auf $\Gamma_M\backslash Z_M$ und (y_j) auf $\Gamma_N\backslash N$ ausgedrückt werden, i.e. $\omega_{|V}$ ist die Summe von Monomen $dx_I \wedge dy_J$ mit $|I| + |J| = \deg \omega$. Man nennt $|I|$ den Basisgrad von ω relativ der lokalen Karte V . Bezeichne mit $A^q(e'(P);E)$ die Menge aller Elemente ω in $\Omega^*(e'(P);E)$, für die in jeder lokalen Karte V der Basisgrad von ω relativ V mindestens q ist. Da $d(A^q(e'(P),E)) \subset A^q(e'(P),E)$ gilt, gibt uns das eine Filtrierung des Komplexes durch Unterräume, die stabil unter d bleiben. Zu dieser Filtrierung gehört dann, wie gewöhnlich, eine Spektralsequenz (E_n,e_n) ,

$n \geq o$, in der Kohomologie, die gegen die Kohomologie $H^*(e'(P),E)$ des Komplexes $\Omega^*(e'(P),E)$ konvergiert. Man kann dann zeigen, daß der Term $E_o^{q,r}$ identifiziert werden kann mit dem Raum $\Omega^q(\Gamma_M\backslash Z_M;\Omega^r(\Gamma_N\backslash N,E))$ der q-Formen auf der Basis mit Koeffizienten in den r-Formen auf der Faser. Weiterhin ist der Term $E_1^{q,r}$ isomorph zu dem Raum $\Omega^q(\Gamma_M\backslash Z_M;H^r(\Gamma_N\backslash N;E))$ der q-Formen auf der Basis mit Koeffizienten in dem System, das definiert ist durch die Kohomologie der Faser (cf. [7], § 5). Der $E_2^{q,r}$-Term ist dann gleich $H^*(\Gamma_M\backslash Z_M,H^*(\Gamma_N\backslash N;E))$, i.e. der Kohomologie der Basis mit Koeffizienten in der Kohomologie der Faser.

Auf der anderen Seite, betrachte man wie in 2.6.

$\Omega^*(\Gamma_M\backslash Z_M,H^*(\Gamma_N\backslash N;E)) = \Omega^*(\Gamma_M\backslash Z_M,H^*(\underline{n},E))$.

Dies ist ein Doppelkomplex, versehen mit einer Filtrierung, die durch den Grad einer Form auf $\Gamma_M\backslash Z_M$ gegeben wird. Die zugehörige Spektralsequenz (D_n,d_n) , $n \geq o$, genügt dann $D_o^{q,r} = D_1^{q,r} = \Omega^q(\Gamma_M\backslash Z_M,H^r(\Gamma_N\backslash N;E))$ und degeneriert, i.e. $D_2 = D_\infty$.

Die in 2.6. konstruierte Einbettung

$\eta : \Omega^*(\Gamma_M\backslash Z_M,H^r(\Gamma_N\backslash N;E)) \to \Omega^*(e'(P);E)$ respektiert diese Spektralsequenzen auf beiden Seiten und liefert insbesondere einen Isomorphismus $D_1^{q,r} \xrightarrow{\sim} E_1^{q,r}$ des ersten Terms, deshalb einen der Spektralsequenzen. Deshalb degeneriert auch (E_n,e_n) , und man hat das gewünschte Ergebnis.

§ 3 Das Hochheben einer Differentialform auf $e'(P)$ zu einer Familie von Formen auf $\Gamma \cap P \backslash X$.

In diesem Abschnitt heben wir eine Differentialform ϕ auf der Seite $e'(P)$ zu einer Familie ϕ_Λ von Formen auf $\Gamma \cap P\backslash X$ hoch, die von einem komplexen Parameter $\Lambda \in \underline{a}^*_{P,\mathbb{C}}$ abhängt. Wir sind insbesondere interessiert an dem Fall, in dem ϕ eine nicht-triviale cuspidale Kohomologieklasse in $H^*_{cusp}(e'(P),E) = H^*_{cusp}(\Gamma_M\backslash Z_M, H^*(\underline{n},E))$ vom Typ (π,w), $\pi \in {}^o\hat{M}$, $w \in W^P$ (cf. 3.2. zur Definition) repräsentiert, wobei die irreduzible unitäre Darstellung als Summand in $L^2_o(\Gamma_M\backslash {}^oM)$ vorkommt, und die Menge W^P den Raum $H^*(\underline{n},E)$ bezüglich der natürlichen Aktion von M parametrisiert. Wir interpretieren diese Erweiterung von ϕ zu ϕ_Λ dann im Rahmen relativer Liealgebrakomplexe und setzen die Konstruktion in Beziehung zu dem Prozess, eine Darstellung π zu einer von G bezüglich des Parameters Λ zu induzieren. Schließlich bestimmen wir, für welche Werte von Λ die konstruierten Formen ϕ_Λ geschlossen resp. harmonisch sind. Zur Konstruktion vergleiche man [26], [49]. Der Einfachheit halber nehmen wir an, daß die betrachtete parabolische $\mathbb{Q}$-Untergruppe P von G mit zerfallender Komponente $A = A_P$ standard ist.

3.1. Spitzenkohomologie von $e'(P)$. Der Raum $L^2_o(\Gamma_M\backslash {}^oM)$ der quadratintegrierbaren cuspidalen Funktionen auf $\Gamma_M\backslash {}^oM$ zerlegt sich als direkte Hilbertsumme von abgeschlossenen irreduziblen Unterräumen H_π mit endlichen Multiplizitäten $m(\pi,\Gamma_M)$ (cf. 1.6). Bezeichnet V_π die isotypische Komponente von $\pi \in {}^o\hat{M}$, so hat man

$$(1)\qquad L^2_o(\Gamma_M\backslash {}^oM) = \widetilde{\bigoplus_{\pi \in {}^o\hat{M}}} V_\pi .$$

Nach Theorem 2.7. ist die Kohomologie der Seite $e'(P)$ gegeben als

$$H^*(e'(P),E_\lambda) = H^*(\Gamma_M\backslash Z_M, H^*(\underline{n},E_\lambda)) .$$

Wir können deshalb die Spitzenkohomologie der Seite definieren als

$$(2)\qquad H^*_{cusp}(e'(P),E_\lambda) := H^*_{cusp}(\Gamma_M\backslash Z_M, H^*(\underline{n},E_\lambda)) \quad .$$

Die rechte Seite ist nach Definition (cf. 1.6.) das Bild der natürlichen injektiven Abbildung

$$H^*({}^o\underline{m},K_M;L^2_o(\Gamma_M\backslash {}^oM)^\infty \otimes H^*(\underline{n},E_\lambda)) \to H^*(\Gamma_M\backslash Z_M, H^*(\underline{n},E_\lambda)) \quad .$$

Berücksichtigen wir nun die Zerlegung (1) resp. das Ergebnis von Kostant (cf. 2.4.), so können wir schreiben

$$(3)\qquad H^r_{cusp}(e'(P),E_\lambda) = \bigoplus_{p+q=r} H^p({}^o\underline{m},K_M;L^2_o(\Gamma_M\backslash {}^oM)^\infty \otimes H^q(\underline{n},E_\lambda)) \ ,$$

wobei (cf. 1.6.(4))

$$(4)\qquad H^p({}^o\underline{m},K_M;L^2_o(\Gamma_M\backslash {}^oM)^\infty \otimes H^q(\underline{n},E_\lambda)) =$$

$$= \bigoplus_{\pi\in {}^o\hat{M}} \ \bigoplus_{\substack{w\in W^P \\ \ell(w)=q}} H^p({}^o\underline{m},K_M;V_\pi \otimes F_{w(\lambda+\rho)-\rho}) \ .$$

Als notwendige Bedingung (cf. [20], I, Thm. 5.3.), daß ein Summand $H^p({}^o\underline{m},K_M;V_\pi \otimes F_{w(\lambda+\rho)-\rho})$ nicht verschwindet, muß der infinitesimale Charakter von π gleich dem infinitesimalen Charakter der zu $F_{w(\lambda+\rho)-\rho}$ kontragradienten Darstellung sein. Wir parametrisieren die infinitesimalen Charaktere von irreduziblen zulässigen Darstellungen von G nach Harish-Chandra durch $\underline{h}^*_{\mathbb{C}}$ modulo der Aktion von W, i.e. ist (σ,H_σ) eine irreduzible endlichdimensionale Darstellung mit höchstem Gewicht $\nu\in\underline{h}^*_{\mathbb{C}}$ so gilt für den infinitesimalen Charakter χ_σ von (σ,H_σ) $\chi_\sigma = \chi_{\nu+\rho}$. Die formulierte notwendige Bedingung kann deshalb geschrieben werden als

$$(5)\qquad \chi_\pi = \chi_{-w(\rho+\lambda)}\big|_{\underline{b}_{\mathbb{C}}} \quad .$$

Das folgt daraus, daß das höchste Gewicht von $F_{w(\lambda+\rho)-\rho}$ gerade $(w(\rho+\lambda)-\rho)|_{\underline{b}_{\mathbb{C}}} = w(\rho+\lambda)|_{\underline{b}_{\mathbb{C}}} - \rho_{{}^oM}$ wegen 1.7.(4) ist. Der infinitesimale Charakter der zu $F_{w(\lambda+\rho)-\rho}$ kontragradienten Darstellung ist deshalb $\chi_{-w(\rho+\lambda)}|_{\underline{b}_{\mathbb{C}}}$.

Anstelle des cuspidalen Spektrums $L^2_o(\Gamma_M\backslash {}^oM)$ können wir auch allgemeiner das diskrete Spektrum $L^2_{dis}(\Gamma_M\backslash {}^oM) = L^2_o(\Gamma_M\backslash {}^oM) \oplus L^2_{Res}(\Gamma_M\backslash {}^oM)$ betrachten (cf. 1.6.). Analog definieren wir die diskrete Kohomologie $H^*_{dis}(e'(P),E_\lambda)$ als das Bild des natürlichen Homomorphismus

$$(6) \qquad H^*({}^o\underline{m},K_M,L^2_{dis}(\Gamma_M\backslash {}^oM) \otimes H^*(\underline{n},E_\lambda)) \to H^*({}^o\underline{m},K_m,C^\infty(\Gamma_M\backslash {}^oM) \otimes H^*(\underline{n},E_\lambda)) = $$
$$= H^*(\Gamma_M\backslash Z_M;H^*(\underline{n},E_\lambda)) \ .$$

Man kann $H^*_{dis}(e'(P),E_\lambda)$ mit dem Raum der Kohomologieklassen identifizieren, die durch eine geschlossene quadratintegrierbare Differentialform (und sogar harmonisch nach Kodaira) repräsentiert werden können (cf. 1.6.). Die linke Seite von (6) hat eine zu (4) analoge Zerlegung.

Um die nächste Definition präzise formulieren zu können, erinnern wir daran, daß die zerfallende Komponente A_P induziert durch die adjungierte Aktion in natürlicher Weise auf $H^*(\underline{n},E_\lambda)$ operiert. Dies erbringt eine Zerlegung von $H^*(\underline{n},E_\lambda)$ in Gewichtsräume, und das Ergebnis von Kostant ist sogar richtig für die ${}^oM\cdot A_P$-Struktur ([34], Thm. 5.13), i.e. wir haben bezüglich der A_P-Aktion

$$(7) \qquad H^*(\underline{n},E_\lambda) = \bigoplus_{W^P} F_{w(\lambda+\rho)-\rho} \ ,$$

wobei $F_{w(\lambda+\rho)-\rho}$ via Restriktion als A_P-Modul vom Gewicht $w(\lambda+\rho)-\rho|_{\underline{a}_P}$ angesehen wird.

3.2. DEFINITION. (1) Sei $[\phi] \neq 0$ eine Kohomologieklasse in $H^*(e'(P),E_\lambda)$ repräsentiert durch eine Differentialform $\phi \in \Omega^*(\Gamma_M\backslash Z_M;H^*(\underline{n},E_\lambda))$. Wir sagen, daß $[\phi]$ eine Klasse vom Gewicht $\mu \in \underline{a}^*$ ist, wenn

$$[\phi] \in H^*(\Gamma_M\backslash Z_M;F_\mu) \quad .$$

(2) Sei $[\phi] \neq 0$ eine Kohomologieklasse in $H^*_{cusp}(e'(P),E_\lambda)$ repräsentiert durch eine cuspidale Form $\phi \in \Omega^*(\Gamma_M\backslash Z_M,H^*(\underline{n},E_\lambda))$. Wir sagen, daß $[\phi]$ eine cuspidale Klasse vom Typ (π,w), ist, falls ein $\pi \in {}^o\hat{M}$ mit $V_\pi \subset L^2_o(\Gamma_M\backslash {}^oM)$ und ein $w \in W^P$ existieren, so daß unter der Identifikation in 3.1.

$$[\phi] \in H^*({}^o\underline{m},K_M;V_\pi \otimes F_{w(\lambda+\rho)-\rho})$$

gilt.

(3) Sei $\psi \in H^*_{(2)}(\Gamma_M\backslash Z_M;H^*(\underline{n},E_\lambda))$ eine harmonische quadratintegrierbare Form auf Z_M, die Γ_M-invariant ist. Wir sagen, daß ψ eine diskrete Form vom Typ σ ist, falls ein $\sigma \in {}^o\hat{M}$ mit $V_\sigma \subset L^2_{dis}(\Gamma_M\backslash {}^oM)$ existiert, so daß unter der Identifikation 1.6.(5)

$$[\psi] \in H^*({}^o\underline{m},K_M;V_\sigma \otimes H^*(\underline{n},E_\lambda))$$

gilt.

Man bemerke, daß eine Klasse vom Typ (π,w) insbesondere eine Klasse vom Gewicht $w(\lambda+\rho)-\rho|_{\underline{a}}$ ist, und daß alle cuspidalen Klassen vom Typ (π,w), $\pi \in {}^o\hat{M}$, $w \in W^P$, die Spitzenkohomologie von $e'(P)$ erzeugen. Da $H^*_{cusp}(e'(P),E_\lambda)$ mit dem Raum der harmonischen cuspidalen Formen identifiziert werden kann, verwenden wir den Begriff in (2) manchmal auch für die repräsentierende harmonische Form ϕ.

3.3. Wir beschreiben nun kurz (mehr geometrisch) wie wir eine Differentialform in $\Omega^*(e'(P),E_\lambda)$ mittels einer Gewichtsfunktion auf $\underline{a}_{\mathbb{C}}$ zu einer Familie von Differentialformen in $\Omega^*(\Gamma_P\backslash X;E_\lambda)$ hochheben.

Wir haben $G = P\cdot K$, deshalb $X = G/K = P/K_P$. Da $P = {}^oP\cdot A$ resp. $e(P) = {}^oP/K_P$ gilt, können wir $\Gamma_P\backslash X = \Gamma_P\backslash P/K_P = e'(P) \times A$ als topologisches Produkt schreiben. Nun erweitern wir eine Form $\phi \in \Omega^*(e(P);E_\lambda)^{\Gamma_P}$ zu einer Form auf $e'(P) \times A$, die wieder mit ϕ bezeichnet werde, durch die Bedingung, daß ϕ eingeschränkt auf $e'(P)\cdot a$, $a \in A$, die Transformierte von ϕ unter der Translation $p \mapsto p\cdot a$, $p \in e'(P)$, ist. Zu gegebenem $\Lambda \in \underline{a}^*_{\mathbb{C}}$ setzen wir dann

(1) $$\phi_\Lambda = \phi a^{\Lambda+\rho},$$

und ϕ_Λ kann als E_λ-wertige Differentialform auf $\Gamma_P\backslash X$ interpretiert werden, i.e. $\phi_\Lambda \in \Omega^*(\Gamma_P\backslash X;E_\lambda)$.

3.4. SATZ. <u>Sei</u> $[\phi] \in H^*(e'(P);E_\lambda)$ <u>eine Kohomologieklasse vom Gewicht</u> $\mu \in \underline{a}^*$, <u>repräsentiert durch eine Form</u> $\phi \in \Omega^*(\Gamma_M\backslash Z_M;F_\mu)$, <u>und bezeichne mit</u> d <u>den Differentiationsoperator des Komplexes</u> $\Omega^*(\Gamma_P\backslash X;E_\lambda)$. <u>Dann gilt</u>

(1) $$d(\phi_\Lambda) = d \log a^{\Lambda+\rho+\mu} \wedge \phi_\Lambda .$$

Der Beweis des Lemmas 3.1. in [26] überträgt sich sofort auf den hier betrachteten allgemeinen Fall. Man vergleiche auch Lemma 3.11 in [49].

Als sofortige Konsequenz erhält man:

3.5. KOROLLAR. <u>Sei</u> $[\phi] \in H^*_{cusp}(e'(P),E_\lambda)$ <u>eine cuspidale Klasse vom Typ</u> (π,w), $\pi \in {}^o\hat{M}$, $w \in W^P$, <u>repräsentiert durch</u> $\phi \in \Omega^*(\Gamma_M\backslash Z_M,F_{w(\lambda+\rho)-\rho})$. <u>Dann ist</u> ϕ_Λ <u>eine geschlossene Form, wenn</u>

(1) $$\Lambda = -w(\lambda+\rho)|_{\underline{a}} .$$

Bemerkung: Sei $\mu_\pi \in \underline{b}^*_{\mathbb{C}}$ dominant und so daß $\chi_\pi = \chi_{\mu_\pi}$. Da $[\phi] \neq 0$ eine cuspidale Klasse vom Typ (π,w), $\pi \in {}^o\hat{M}$, $w \in W^P$ ist, genügen die zugehörigen Daten w resp. μ_π der Bedingung 3.1.(5)

$$\chi_{\mu_\pi} = \chi_{-w(\rho+\lambda)}|_{\underline{b}_{\mathbb{C}}} .$$

Um mit ϕ_Λ eine geschlossene Form zu erhalten, muß Λ der Bedingung 3.5.(1) genügen. Man bemerke, daß diese beiden Bedingungen äquivalent zu

$$-(\rho+\lambda) \in W^P(\mu_\pi+\Lambda)$$

sind.

3.6. Wir formulieren nun die Hochhebung von ϕ nach ϕ_Λ innerhalb des Liealgebrakomplexes $D^*({}^o\underline{p},K_P,C^\infty(\Gamma_P\backslash{}^oP) \otimes E_\lambda)$, dessen Kohomologie gerade $H^*(e'(P),E_\lambda)$ ergibt. Dieser mehr darstellungstheoretische Zugang zeigt, von welcher Art die Koeffizientenfunktionen von ϕ_Λ sind; sie liegen in gewissen Darstellungsräumen, die als von π hochinduzierte Darstellungen gesehen werden, falls $[\phi]$ eine Klasse vom Typ (π,w) ist.

Wir erinnern zu diesem Zwecke kurz den Begriff einer induzierten Darstellung. Sei (σ,H_σ) eine unitäre Darstellung von ${}^oM$ mit infinitesimalem Charakter χ_σ, und sei $\Lambda \in \underline{a}^*_{\mathbb{C}}$. Die induzierte Darstellung $(i_{P,\sigma,\Lambda},Ind_{P,\sigma,\Lambda})$ ist dann die Darstellung

$$Ind_P^G(H_\sigma \otimes \mathbb{C}_{\rho+\Lambda})$$

induziert von $H_\sigma \otimes \mathbb{C}_{\rho+\Lambda}$ im Sinne von III, 2.2 in [20], wobei $\mathbb{C}_\nu$ den eindimensionalen A-Modul $\mathbb{C}$ bezeichnet, auf dem A via $\nu \in \underline{a}^*_{\mathbb{C}}$ operiert. Ist $\mu_\sigma \in \underline{b}^*_{\mathbb{C}}$ so daß $\chi_\sigma = \chi_{\mu_\sigma}$, dann ist der infinitesimale Charakter von $Ind_{P,\sigma,\Lambda}$ gerade $\chi_{\mu_\sigma+\Lambda}$. Die induzierte Darstellung $i_{P,\sigma,\Lambda}$ wird gewöhnlich realisiertals die durch Rechtstranslation gegebene Aktion von G auf dem Raum der Funktionen

$$\text{(1)} \qquad Ind_{P,\sigma,\Lambda} = \{f \in C^\infty(G,H_\sigma) \mid f(manx) = a^{\rho+\Lambda}\sigma(m)f(x)\}$$

$$(m \in {}^oM, a \in A, n \in N, x \in G)\ .$$

Wir können $i_{P,\sigma,\Lambda}$ jedoch auch auf einem Raum von Funktionen realisieren, die linksinvariant sind unter A . Für jedes $\Lambda \in \underline{a}^*_{\mathbb{C}}$ gibt uns die durch $j_\Lambda(f)(x) := f(x)a(x)^{-(\Lambda+\rho)}$ definierte Abbildung

$$\text{(2)} \qquad j_\Lambda : Ind_{P,\sigma,\Lambda} \to Ind_{P,\sigma,-\rho_P}$$

eine natürliche Identifikation dieser zwei Räume. Hier haben wir $x \in G$ entsprechend der Zerlegung $G = {}^oM.A.N.K$ geschrieben. Obwohl diese Zerlegung nicht direkt ist, ist die Komponente $a(x)$ in A eindeutig bestimmt. Dann kann $i_{P,\sigma,\Lambda}$ als Darstellung in

$$Ind_{P,\sigma,-\rho_P} = \{f \in C^\infty(NA\backslash G;H_\sigma) \mid f(mx) = \sigma(m)f(x)\}$$

$$(m \in {}^oM,\ x \in G)$$

realisiert werden, indem wir setzen

$$i'_{P,\sigma,\Lambda}(g)f(x) = f(xg)a(xg)^{\Lambda+\rho}a(x)^{-\Lambda-\rho}\ .$$

Da für $x \in G$, $b \in A$, $\Lambda \in \underline{a}^*_{\mathbb{C}}$ $a(bx)^{\Lambda+\rho} = b^{\Lambda+\rho}a(x)^{\Lambda+\rho}$ gilt, ist die zu j_Λ inverse Identifikation gegeben durch $\tilde{f} \mapsto f^*$, wobei $f^*(x) := \tilde{f}(x)a(x)^{\Lambda+\rho}$. Sehen wir die Darstellung $(i_{P,\sigma,\Lambda}, Ind_{P,\sigma,\Lambda})$ als in dieser Weise im Raum $C^\infty(NA\backslash G,H_\sigma)$ realisiert an, so bezeichnen wir sie mit $I_{P,\sigma,\Lambda}$. Diese Identifikation erlaubt uns, die $Ind_{P,\sigma,\Lambda}$ als eine Familie von Darstellungen in $C^\infty(NA\backslash G,H_\sigma)$, die durch $\Lambda \in \underline{a}^*_{\mathbb{C}}$ parametrisiert ist, aufzufassen.

Der Raum der K-endlichen Vektoren in $I_{P,\sigma,\Lambda}$ werde mit $I_{P,\sigma,\Lambda,(K)}$ bezeichnet. Dics ist in natürlicher Weise ein $(\underline{g},K)$-Modul.

Sei nun für $\pi \in {}^{o}\hat{M}$ mit $V_\pi \subset L^2_{dis}(\Gamma_M \backslash {}^{o}M)$

$$\phi \in D^*({}^{o}\underline{m}, K_M; V_\pi \otimes H^*(\underline{n}, E_\lambda)) = \mathrm{Hom}_{K_P}(\Lambda^*({}^{o}\underline{m}/\underline{k}_m), V_\pi \otimes H^*(\underline{n}, E_\lambda)) .$$

Analog zu den in 2.6. gemachten Überlegungen können wir ϕ in natürlicher Weise als Element in $\mathrm{Hom}_{K_P}(\Lambda^*({}^{o}\underline{p}/\underline{k}_p), V_\pi \otimes E_\lambda)$ auffassen. Wir identifizieren diesen Raum mit dem Raum der invarianten Elemente in $\Lambda^*({}^{o}\underline{p}/\underline{k}_p)^* \otimes V_\pi \otimes E_\lambda$ unter der diagonalen Aktion von K_P. Definiert man zu gegebenem $\Lambda \in \underline{a}^*_{\mathbb{C}}$ das Element $\underline{\Lambda} \in \mathrm{Hom}(\underline{a}, \mathbb{C}_{\Lambda+\rho}) = \underline{a}^* \otimes \mathbb{C}_{\Lambda+\rho}$ durch $\underline{\Lambda}(a) := a^{\Lambda+\rho}$, und bezeichnet $\tilde{f}$ die triviale Erweiterung von $f \in V_\pi \subset L^2_{dis}(\Gamma_M \backslash {}^{o}M)$ zu einer Funktion in $C^\infty(\Gamma_P \backslash {}^{o}P)$, so liefert die Abbildung

$$(3) \qquad \Lambda^*({}^{o}\underline{p}/\underline{k}_p)^* \otimes V_\pi \otimes E_\lambda \longrightarrow \Lambda^*({}^{o}\underline{p}/\underline{k}_p)^* \otimes (\underline{a}^* \otimes \mathbb{C}_{\Lambda+\rho}) \otimes V_\pi \otimes E_\lambda$$

$$(p,f,e) \longmapsto (p,\underline{\Lambda},\tilde{f},e)$$

die Erweiterung von ϕ auf ϕ_Λ. Die Zuordnung $f \to \tilde{f}$ korrespondiert zu der Tatsache, daß V_π auch als ${}^{o}P$-Modul gesehen werden kann, auf dem N trivial operiert. Lassen wir K_P trivial auf $\underline{a}^* \otimes \mathbb{C}_{\Lambda+\rho}$ operieren, so ist die Abbildung (3) verträglich mit der natürlichen Diagonalaktion von K_P auf beiden Seiten. Da sich $\underline{a}^*$ natürlich in $\Lambda^*\underline{a}^*$ einbettet und $\Lambda^*({}^{o}\underline{p}/\underline{k}_p) \otimes \Lambda^*(\underline{a}) = \Lambda^*(\underline{p}/\underline{k}_p)$ gilt, können wir ϕ_Λ als Element in

$$(\Lambda^*(\underline{p}/\underline{k}_p)^* \otimes \mathbb{C}_{\Lambda+\rho} \otimes E_\lambda \otimes V_\pi)^{K_P} = \mathrm{Hom}_{K_P}(\Lambda^*(\underline{p}/\underline{k}_p), \mathbb{C}_{\Lambda+\rho} \otimes E_\lambda \otimes V_\pi)$$

interpretieren. In der Notation von 1.2. ist das genau der Komplex $D^*(\underline{p}, K_P; \mathbb{C}_{\Lambda+\rho} \otimes V_\pi \otimes E_\lambda)$.

Da wir einen differenzierbaren Modul durch den Raum der K-endlichen (resp. K_P-endlichen) Vektoren ersetzen können, wenn wir relative Liealgebrakohomologie von $\underline{g}$ relativ K (resp. $\underline{p}$ relativ K_P) berechnen (cf. [20], I, 2.2.), können wir annehmen, daß wir mit $V_{\pi,(K_P)}$ anstelle von V_π^∞ gearbeitet haben. Dann folgt aus dem Beweis von Proposition 2.5. in III, [20], daß man

$$(4)\qquad D^*(\underline{p},K_P;\mathbb{C}_{\Lambda+\rho}\otimes V_{\pi,(K_P)}\otimes E_\lambda) = D^*(\underline{g},K;I_{P,\pi,\Lambda,(K)}\otimes E_\lambda)$$

hat. Diese letzte Gleichheit korrespondiert geometrisch dazu, X als Quotient von G modulo K anstelle von P modulo K_P anzusehen.

3.7. Die Kohomologie des Komplexes $D^*(\underline{g},K;I_{P,\pi,\Lambda,(K)}\otimes E_\lambda)$ auf der rechten Seite von 3.6.(4) ist in Theorem 3.3., III [20] berechnet. Der Kohomologieraum $H^*(\underline{g},K;I_{P,\pi,\Lambda,(K)}\otimes E_\lambda)$ verschwindet außer wenn ein $w\in W^P$ existiert, so daß

$$(1)\qquad \Lambda = -w(\rho+\lambda)|_{\underline{a}} \quad\text{resp.}\quad \chi_\pi = \chi_{-w(\rho+\lambda)}|_{\underline{b}_{\mathbb{C}}}\,.$$

Existiert ein solches $w\in W^P$, das notwendigerweise eindeutig ist, so gilt

$$(2)\qquad H^r(\underline{g},K;I_{P,\pi,\Lambda,(K)}\otimes E_\lambda) = \bigoplus_{\substack{s+t+\ell(w)\\=r}} H^s({}^o\underline{m},K_M;F_{w(\lambda+\rho)-\rho}\otimes V_\pi)\otimes\Lambda^t\underline{a}^*_{\mathbb{C}}\,.$$

Es zeigt sich, daß (1) genau den Bedingungen 3.5.(1) und 3.1.(5) entspricht, die notwendig und hinreichend waren, um eine nicht-triviale geschlossene Form $\phi_\Lambda\in\Omega^*(\Gamma_P\backslash X;E_\lambda)$ zu bekommen, wenn man von einer cuspidalen Klasse $[\phi]\in H^*_{cusp}(e'(P),E_\lambda)$ vom Typ (π,w), $\pi\in{}^o\hat{M}$, $w\in W^P$, ausgeht. (cf. Bemerkung in 3.5.)

3.8. SATZ - <u>Sei</u> $[\phi]\in H^*_{cusp}(e'(P),E_\lambda)$ <u>eine cuspidale Kohomologieklasse vom Typ</u> (π,w), $\pi\in{}^oM$, $w\in W^P$, <u>repräsentiert durch eine Form</u> $\phi\in\Omega^*(\Gamma_M\backslash Z_M,H^*(\underline{n},E_\lambda))$. <u>Ist</u> Δ <u>der Laplaceoperator definiert wie in</u> 1.3.(11), <u>so gilt für die hochgehobene Form</u> ϕ_Λ, $\Lambda\in\underline{a}^*_{\mathbb{C}}$,

$$(1)\qquad \Delta\phi_\Lambda = [-(\mu_\pi+\Lambda,\mu_\pi+\Lambda)+(\rho+\lambda,\rho+\lambda)]\phi_\Lambda\,,$$

<u>wobei</u> $\mu_\pi\in\underline{b}^*_{\mathbb{C}}$ <u>so daß</u> $\chi_\pi=\chi_{\mu_\pi}$ <u>und</u> $(\ ,\ )$ <u>das Skalarprodukt auf</u> $\underline{h}^*$ <u>be-</u>

<u>zeichnet, das durch Einschränkung der invarianten symmetrischen nicht-entarteten Bilinearform</u> B <u>auf</u> $\underline{g}$ <u>definiert wird</u>.

In der Notation von 1.3. haben wir wegen 3.6. $\phi_\Lambda^o = \sum_J f_J \omega^J$ mit $f_J \in I_{P,\pi,\Lambda,(K)} \otimes E_\lambda$. Nach Kuga's Lemma kann die Wirkung von Δ bestimmt werden durch die Aktion des Casimir-Elementes C in $U(\underline{g})$ auf die Koeffizientenfunktionen f_J (cf. 1.3. (12), (13)). Da die Darstellung (τ,E_λ) (resp. $(i'_{P,\pi,\Lambda}, I_{P,\pi,\Lambda})$) infinitesimalen Charakter $\chi_{\lambda+\rho}$ (resp. $\chi_{\mu_\pi+\Lambda}$) hat, ist die Aktion von $C \in Z(\underline{g})$ auf jeder von ihnen gegeben durch $(\lambda+\rho,\lambda+\rho) - (\rho,\rho)$ (resp. $(\mu_\pi+\Lambda,\mu_\pi+\Lambda) - (\rho,\rho)$). Die gewünschte Formel folgt mit 1.3.(12).

<u>Bemerkungen</u>: (1) Man bemerke, daß das Element $w \in W^P$ keine Rolle spielt, und die Formel allgemeiner richtig ist für eine Form $\phi \in \Omega^*(e'(P),E_\lambda)$, die zu einer Darstellung $V_\pi \subset L^2_{dis}(\Gamma_M \backslash {}^oM)$ im diskreten Spektrum korrespondiert.

(2) Dieses kurze Argument, daß auf der Tatsache $f_J \in I_{P,\pi,\Lambda}$ beruht, ist Borel verpflichtet ([14], S. 19). In [49], 3.9. wird ein Sonderfall behandelt, dessen Beweis verallgemeinert werden kann. Als Ausgangspunkt der Formel (1) muß Lemma 3.1. in [26] gesehen werden.

<u>3.9.</u> KOROLLAR. <u>Sei</u> $[\phi] \in H^*_{cusp}(e'(P),E_\lambda)$ <u>eine Kohomologieklasse vom Typ</u> (π,w) <u>wie in</u> 3.8.; <u>dann ist</u> $\phi_{-w(\rho+\lambda)|\underline{a}}$ <u>eine geschlossene harmonische Form in</u> $\Omega^*(\Gamma_P\backslash X;E_\lambda)$.

Wegen 3.5. ist $\phi_{-w(\rho+\lambda)|\underline{a}}$ geschlossen. Wie in der Bemerkung nach 3.5. betont wurde, liegt $-(\rho+\overline{\lambda})$ im W^P-Orbit von $\mu_\pi + \Lambda_o$, da $[\phi]$ vom Typ (π,w) ist, wobei $\Lambda_o = -w(\lambda+\rho)_{|\underline{a}}$. Aus der Formel 3.8.(1) folgt dann $\Delta\, \phi_{-w(\lambda+\rho)|\underline{a}} = 0$.

§ 4 Eisensteinkohomologieklassen

Wir beginnen diesen Abschnitt damit, einen kurzen Abriß der Theorie der Eisensteinreihen im Sinne von Langlands und Selberg zu geben. Ist $[\phi]$ eine Kohomologieklasse in $H^*(e'(P),E_\lambda)$, die durch eine harmonische quadratintegrierbare Differentialform repräsentiert wird und die, grob gesagt, zu einer automorphen Darstellung π im diskreten Spektrum $L^2_{dis}(\Gamma_M\backslash {}^oM)$ korrespondiert (cf. 4.3., 4.4.), so ordnen wir $[\phi]$ via $\phi_\Lambda \in \Omega^*(\Gamma_P\backslash X;E_\lambda)$ durch den üblichen Summationsprozess über die Nebenklassen $\Gamma_P\backslash\Gamma$ die Eisensteinreihe $E(\phi,\Lambda)$ zu, die von dem Parameter $\Lambda \in \underline{a}^*_{\mathbb{C}}$ abhängt. Diese ist zuerst nur definiert für Λ im Bereich der absoluten Konvergenz der definierenden Reihe und dort holomorph; man hat jedoch eine meromorphe Fortsetzung auf ganz $\underline{a}^*_{\mathbb{C}}$. Wertet man die Eisensteinreihe $E(\phi,\Lambda)$ an einer speziellen Stelle Λ_o, an der sie holomorph ist, aus, so erhält man eine Differentialform $E(\phi,\Lambda_o) \in \Omega^*(X;E_\lambda)^\Gamma$. Diese Konstruktion ist zum Beispiel anwendbar auf cuspidale Klassen in $H^*_{cusp}(e'(P),E_\lambda)$ vom Typ (π,w), $(\pi \in {}^o\hat{M}, w \in W^P)$ (cf. 3.2.).

Im Rahmen der Darstellungstheorie kann die Eisensteinsummation als Verkettungsoperator zwischen dem $(\underline{g},K)$-Modul $\mathrm{Ind}_{P,\pi,\Lambda,(K)}$ der K-endlichen Vektoren in der bezüglich Λ von π hochinduzierten Darstellung und dem $(\underline{g},K)$-Modul $\underline{A}(\Gamma,G)$ der automorphen Formen bezüglich Γ gesehen werden. Die Konstruktion von $E(\phi,\Lambda)$ kann deshalb interpretiert werden als der durch diesen Verkettungsoperator induzierte Morphismus zwischen den entsprechenden relativen Liealgebrakomplexen (cf. 4.4.).

Mittels der Resultate des § 3 kann man leicht feststellen, für welche speziellen Werte Λ_o von Λ die Eisensteinreihe $E(\phi,\Lambda)$, ausgewertet in Λ_o und unter der Annahme der Holomorphie in diesem Punkt, eine geschlossene, harmonische Form $E(\phi,\Lambda_o) \in \Omega^*(X;E_\lambda)^\Gamma$ liefert. Um sicherzustellen, daß die durch eine solche Differentialform $E(\phi,\Lambda_o)$ repräsentierte Kohomologieklasse in $H^*(\Gamma,X;E_\lambda)$ nicht-trivial ist, und um, darüberhinaus, die verschiedenen Restriktionen von $[E(\phi,\Lambda_o)]$ auf die Kohomologie der Seiten in $\partial(\Gamma\backslash\overline{X})$ zu studieren, muß man wegen 1.10. die konstanten Terme $E(\phi,\Lambda)_Q$ von $E(\phi,\Lambda)$ bezüglich einer parabolischen $\mathbb{Q}$-Untergruppe Q von G betrachten. Nachdem wir die grundlegenden Tatsachen über die konstanten Terme von Eisensteinreihen wiederholt haben, folgern wir daraus einige Ergebnisse über das Bild von $E(\phi,\Lambda_o)$, $[\phi]$ eine cuspidale Klasse in $H^*_{cusp}(e'(P),E_\lambda)$ vom Typ (π,w), unter der Restriktion r^*_Q. Diese Überlegungen implizieren dann, daß $E(\phi,\Lambda_o)$ eine nicht-triviale Klasse in $H^*(\Gamma\backslash X;E_\lambda)$ repräsentiert. Dieses und die Resultate über das Bild von $E(\phi,\Lambda_o)$ unter r^*_Q werden im Theorem 4.11. bewiesen.

4.1. Eisensteinreihen. Wir beginnen damit, sehr kurz die Konstruktion von Eisensteinreihen im Sinne von Selberg-Langlands und einige ihrer Eigenschaften zu wiederholen. Für eine umfassende Darstellung verweisen wir auf Langlands [37], [36], Selberg [51], [52], Harish-Chandra [29]. Hilfreich sind auch Arbeiten von Arthur [1], [2] und Osborne-Warner [46].

Sei P eine parabolische $\mathbb{Q}$-Untergruppe von G mit zerfallender Θ-stabiler Komponente $A_P = A$, und bezeichne mit $\Phi(P,A)$ wie zuvor (1.7.) die Menge der Wurzeln von P bezüglich A und mit $\Delta(P,A)$ die Menge der einfachen Elemente. Mit $(\ ,\ )$ werde das durch die Form B auf $\underline{a}^*$ definierte Skalarprodukt bezeichnet. Seien $\lambda_\alpha \in \underline{a}^*$, $\alpha \in \Delta(P,A)$, Elemente, so daß

(1) $$(\lambda_\alpha,\beta) = \delta_{\alpha\beta}\ ,\quad \alpha,\beta \in \Delta(P,A)\ ,$$

wobei $\delta_{\alpha\beta}$ für das Kroneckersymbol steht. Wir definieren die folgende Menge von linearen Funktionen auf $\underline{a}$

(2) $$(\underline{a}^*)^+ = \{\lambda \in \underline{a}^* \mid (\lambda,\alpha) > 0 \text{ für jedes } \alpha \in \Delta(P,A)\}\ .$$

Sei $f \in C^\infty(AN\backslash G)^{\Gamma_P}$ eine K-endliche, Γ_P-invariante Funktion, so daß für jedes $g \in G$ die Funktion $m \mapsto f(mg)$, $m \in {}^oM$, eine quadratintegrierbare automorphe Form auf ${}^oM$ für Γ_M ist. Sei $\Lambda \in \underline{a}^*_{\mathbb{C}}$ und sei f_Λ definiert wie zuvor durch

$$(3) \qquad f_\Lambda(x) = f(x)a(x)^{\Lambda+\rho}, \quad x \in G .$$

Setzen wir

$$(4) \qquad (\underline{a}^*_{\mathbb{C}})^+ = \{\Lambda \in \underline{a}^*_{\mathbb{C}} \mid \operatorname{Re}\Lambda \in \rho_P + (\underline{a}^*)^+\} ,$$

so konvergiert die Reihe

$$(5) \qquad E(f,\Lambda)(x) = \sum_{\gamma \in \Gamma_P\backslash\Gamma} f_\Lambda(\gamma x), \quad x \in G$$

gleichmäßig absolut auf kompakten Teilmengen von $G \times (\underline{a}^*_{\mathbb{C}})^+$. Diese Reihe heißt <u>Eisensteinreihe</u>; sie ist eine C^∞-Funktion auf $G \times (\underline{a}^*_{\mathbb{C}})^+$, die holomorph in Λ ist. Als Funktion von $x \in G$ ist sie K-endlich, und, insbesondere, eine automorphe Form für Γ (cf. [29], S. 29 und Korollar zu Lemma 24). Ist zusätzlich f eine Eigenfunktion von $Z({}^o\underline{m})$, dem Zentrum der universell einhüllenden Algebra $U({}^o\underline{m})$ von ${}^o\underline{m}$, mit Charakter χ_μ, $\mu \in \underline{b}^*_{\mathbb{C}}$, dann ist $E(f,\Lambda)$ eine Eigenfunktion von $Z(\underline{g})$ mit Charakter $\chi_{\mu+\Lambda}$.

Es ist eine der grundlegenden Tatsachen, daß $E(f,\Lambda)$ eine analytische Fortsetzung als meromorphe Funktion auf ganz $\underline{a}^*_{\mathbb{C}}$ besitzt. Auf $i\underline{a}^*$ ist $E(f,\Lambda)$ holomorph.

Sei $C_c^\infty(G)$ der Raum der C^∞-Funktionen auf G mit kompaktem Träger, und sei $I_c^\infty(G)$ der Unterraum aller Funktionen $\beta \in C_c^\infty(G)$ die $\beta(k\,x\,k^{-1}) = \beta(x)$ $(x \in G, k \in K)$ genügen. Ist Λ ein fest vorgegebenes Element in $\underline{a}^*_{\mathbb{C}}$, das der definierenden Bedingung in (4) genügt, so kann man stets eine Funktion $\beta \in C_c^\infty(G)$ finden, so daß

(6) $\quad f_\Lambda = f_\Lambda * \beta \quad ,$

wobei $*$ den üblichen Faltungsoperator bezeichnet. Zur Definition verweisen wir auf [29] S. 8 (cf. Beweis von Korollar 3 des Lemmas 23 in [29] resp. S. 30). Man kann β sogar als Element von $I_c^\infty(G)$ wählen, und wir haben

(7) $$(E(f,\Lambda) * \beta)(g) = \sum_{\Gamma \cap P\backslash\Gamma} (\phi_\Lambda * \beta)(\gamma g) \quad .$$

Eigenschaft (6) ist eine der entscheidenden Punkte in der Theorie, insbesondere, um die absolute und gleichmäßige Konvergenz der Eisensteinreihe zu beweisen (cf. S. 29 in [29] resp. Lemma 4.1. in [37]). Ebenso erhält man unter Verwendung von (7) die folgende Verträglichkeit für $Y \in \underline{g}$

(8) $$Y\, E(f,\Lambda)(g) = \sum_{\Gamma \cap P\backslash\Gamma} Y\, f_\Lambda(\gamma g) \qquad (g \in G)$$

wegen der gleichmäßigen Konvergenz der rechten Seite. Dies überträgt sich auf alle $\Lambda_o \in \underline{a}^*_{\mathbb{C}}$ für die $E(f,\Lambda)$ holomorph in Λ_o ist. (cf. Korollar 2 von Lemma 23 in [29] oder den Beweis von Lemma 4.1. in [37] für (8)).

4.2. Eisensteinreihen und induzierte Darstellungen. Sei (σ, H_σ) eine irreduzible unitäre Darstellung von ${}^oM$, die als Komponente in der direkten Hilbertsummenzerlegung des diskreten Spektrums $L^2_d(\Gamma_M \backslash {}^oM)$ vorkommt. Für jedes $\Lambda \in \underline{a}^*_{\mathbb{C}}$ sehen wir die induzierte Darstellung $I_{P,\sigma,\Lambda}$ von G als realisiert in dem Raum von C^∞-Funktionen

(1) $$\{ f \in C^\infty(\Gamma_P AN\backslash G; H_\sigma) \mid f(mg) = \sigma(m) f(g)\, (g \in G, m \in {}^oM) \}$$

an, wobei die Aktion von G gegeben wird durch

(2) $$I_{P,\sigma,\Lambda}(g) f(x) = f(x\cdot g)\, a(xg)^{\Lambda+\rho} a(x)^{-\Lambda-\rho} \quad .$$

(cf. 3.6.). Ist f nun ein K-endlicher Vektor in $I_{P,\sigma,\Lambda}$, so ist die zugehörige Eisensteinreihe $E(f,\Lambda)$ im Sinne von 4.1. definiert. Zuerst natürlich nur für die $\Lambda \in \underline{a}^*_{\mathbb{C}}$, die der Bedingung in 4.1.(4) genügen, durch analytische Fortsetzung dann jedoch als meromorphe Funktion für alle $\Lambda \in \underline{a}^*_{\mathbb{C}}$. Wie in 3.6. bemerkt, ist der Raum $I_{P,\sigma,\Lambda,(K)}$ der K-endlichen Vektoren in $I_{P,\sigma,\Lambda}$ ein $(\underline{g},K)$-Modul. Ein Nachprüfen der Definition unter Verwendung der Eigenschaft 4.1.(8) zeigt dann, daß die Eisensteinsummation uns einen $(\underline{g},K)$-Modulhomomorphismus

$$(3) \qquad E(\ ,\Lambda) \ : \ I_{P,\sigma,\Lambda,(K)} \longrightarrow \underline{A}(\Gamma,G) \subset C^\infty(\Gamma\backslash G)$$

in den $(\underline{g},K)$-Modul $\underline{A}(\Gamma,G)$ der automorphen Formen für Γ liefert.

4.3. <u>Eisensteinsummation für Differentialformen</u>. Wir nehmen die Terminologie des § 3 wieder auf. Zu einer Differentialform $\phi \in \Omega^*(e'(P),E_\lambda)$ assoziierten wir dort zu gegebenem $\Lambda \in \underline{a}^*_{\mathbb{C}}$ eine Differentialform $\phi_\Lambda \in \Omega^*(\Gamma_P,X;E_\lambda)$. Um daraus eine Γ-invariante Form auf X zu erhalten, müßte man über die Nebenklassen $\Gamma_P\cdot\gamma$, $\gamma \in \Gamma$, summieren:

$$E(\phi,\Lambda) \quad = \sum_{\gamma \in \Gamma_P\backslash\Gamma} \gamma \circ \phi_\Lambda \ .$$

Wir wollen jedoch diese natürliche Konstruktion enger mit der in 4.1.-4.2. vorgestellten Theorie in Verbindung bringen, um sofort einsehen zu können, wie all die Eigenschaften der Eisensteinreihen dort sich auf analoge für die nun zu konstruierenden Eisensteinformen übertragen.

Sei $\phi \in \Omega^*(e'(P),E_\lambda)$ eine harmonische quadratintegrierbare Differentialform. Wir setzen voraus, daß, wenn wir entsprechend 1.3. für $\Lambda \in \underline{a}^*_{\mathbb{C}}$

$$(1) \qquad \phi_\Lambda \ = \ \sum_J (f_J a^{\Lambda+\rho})\omega^J \in \Omega^*(\Gamma_P,G;E_\lambda)$$

mit $f_J \in C^\infty(\Gamma_P AN\backslash G) \otimes E_\lambda$ schreiben, die Funktionen $m \mapsto f_J(mx)$ für jedes $x \in G$ und jede Indexmenge J in (1) quadratintegrierbare automorphe Formen auf ${}^{\circ}M$ für Γ_M sind. Wir werden manchmal auch $f_{J,\Lambda}$ anstelle von $f_J a^{\Lambda+\rho}$ schreiben. Die zu ϕ assoziierte <u>Eisensteinform</u> wird dann definiert durch

$$(2) \qquad E(\phi,\Lambda) \;:=\; \sum_J E(f_J,\Lambda)\omega^J \ ,$$

wobei $E(f_J,\Lambda)$ wie in 4.1.(4) gegeben ist. Diese Eisensteinreihe ist zuerst definiert für die $\Lambda \in \underline{a}^*_{\mathbb{C}}$, die der Bedingung 4.1.(4) genügen, i.e.,

$$(3) \qquad \operatorname{Re}\Lambda \;\in\; \rho_P + (\underline{a}^*)^+ \ ,$$

ist holomorph in diesem Bereich $(\underline{a}^*_{\mathbb{C}})^+$ und definiert für festes Λ eine Γ-invariante, E_λ-wertige Differentialform auf X. (Streng genommen hätte man hier in der Notation von 1.3. erst $E(\phi,\Lambda)^{\circ}$ schreiben müssen, aber wir sehen $\Omega^*(X;E_\lambda)^{\Gamma}$ als mit seinem Bild in $\Omega^*(G;E_\lambda)$ unter der Abbildung $\eta \to \eta^{\circ}$ in natürlicher Weise identifiziert an.) Durch analytische Fortsetzung ist $E(\phi,\Lambda)$ dann auf ganz $\underline{a}^*_{\mathbb{C}}$ definiert. Die in 4.1. erwähnten Eigenschaften der Eisensteinreihen $E(f_J,\Lambda)$ übertragen sich in natürlicher Weise zu analogen für $E(\phi,\Lambda)$. Insbesondere folgt aus der Definition der äußeren Differentiation d in dem Komplex $\Omega^*(X;E_\lambda)^{\Gamma}$ und der Eigenschaft 4.1.(8), daß die Eisensteinsummation verträglich ist mit d, i.e. wir haben (in etwas nachlässiger Notation) für fixes $\Lambda \in \underline{a}^*_{\mathbb{C}}$ und unter Voraussetzung der Holomorphie der Eisensteinreihe im Punkte Λ

$$(4) \qquad d(E(\phi,\Lambda)) \;=\; \sum_{\gamma \in \Gamma_P\backslash\Gamma} \gamma \circ d\phi_\Lambda \ .$$

<u>4.4.</u> Das diskrete Spektrum $L^2_{dis}(\Gamma_M\backslash {}^{\circ}M)$ zerlegt sich als direkte Hilbertsumme von abgeschlossenen irreduziblen Unterräumen H_π mit endlichen Multiplizitäten $m(\pi,\Gamma_M)$ (cf. 1.6.). Sei eine isotypische Komponente V_π, $\pi \in {}^{\circ}\hat{M}$, in $L^2_{dis}(\Gamma_M\backslash {}^{\circ}M)$ fest gewählt. Wie in 4.3. betrachten wir

eine harmonische, quadratintegrierbare Differentialform $\phi \in \Omega^*(e'(P),E_\lambda)$, so daß für die Koeffizientenfunktionen $f_J \in C^\infty(\Gamma_P AN\backslash G) \otimes E_\lambda$ in der Darstellung 4.3.(1) gilt, daß die Funktion $m \mapsto f_J(mx)$ für jedes $x \in G$ und jedes J eine E_λ-wertige automorphe Form in $V_\pi \otimes E_\lambda \subset L^2_{dis}(\Gamma_M\backslash {}^oM) \otimes E_\lambda$ ist. Wenn man nun im Rahmen der relativen Liealgebrakomplexe arbeitet, so haben wir in 3.6. gesehen, daß die Zuordnung $\phi \mapsto \phi_\Lambda$ gegeben ist durch eine Abbildung

$$D^*({}^o\underline{m},K_M;V_{\pi,(K_M)} \otimes H^*(\underline{n},E_\lambda)) \to D^*(\underline{g},K;I_{P,\pi,\Lambda,(K)} \otimes E_\lambda) .$$

Fassen wir nun ϕ_Λ als Element von $D^*(\underline{g},K;I_{P,\pi,\Lambda,(K)} \otimes E_\lambda)$ auf, so folgt aus 4.2., 4.3. und der natürlichen Identifikation $\Omega^*(\Gamma,X;E_\lambda) = D^*(\underline{g},K;C^\infty(\Gamma\backslash G) \otimes E_\lambda)$ von Komplexen, daß die Zuordnung der Eisensteinform $E(\phi,\Lambda)$ zu der Form ϕ_Λ innerhalb dieser Liealgebrakomplexe beschrieben werden kann als diejenige Abbildung

$$(1) \qquad Eis_\Lambda \; : \; D^*(\underline{g},K;I_{P,\pi,\Lambda,(K)} \otimes E_\lambda) \to D^*(\underline{g},K;\underline{A}(\Gamma,G) \otimes E_\lambda) \quad ,$$

die induziert wird durch den $(\underline{g},K)$-Modulhomomorphismus 4.2.(3)

$$E(\ ,\Lambda) \; : \; I_{P,\Lambda,\pi,(K)} \to \underline{A}(\Gamma,G) \subset C^\infty(\Gamma\backslash G) \quad .$$

Man bemerke, daß wegen 4.3.(4) Eis_Λ verträglich ist mit den äußeren Differentiationen in den beiden Komplexen in (1).

4.5. Bemerkung: In Anbetracht von 3.4. und 4.3.(4) wäre es nun sehr einfach zu beschreiben, für welchen speziellen Wert Λ_o von Λ die zu einer harmonischen quadratintegrierbaren Differentialform $\phi \in \Omega^*(e'(P),E_\lambda)$ wie in 4.3. assoziierte Eisensteinreihe $E(\phi,\Lambda)$, ausgewertet an der Stelle Λ_o und unter der Annahme der Holomorphie in diesem Punkt, eine geschlossene Form $E(\phi,\Lambda_o) \in \Omega^*(\Gamma,X;E_\lambda)$ liefern würde. Da wir jedoch an der

Konstruktion von Kohomologieklassen in $H^*(\Gamma,X;E_\lambda)$ interessiert sind und erst sicherstellen wollen, daß die durch eine solche Eisensteinform repräsentierte Klasse nicht-trivial ist, verschieben wir die präzise Aussage über Λ_o bis wir den konstanten Term von $E(\phi,\Lambda)$ untersucht haben. Nach 1.10. kann die Theorie des konstanten Terms benutzt werden, um die verschiedenen Restriktionsabbildungen r_Q^* von der Kohomologie $H^*(\Gamma,X;E_\lambda)$ auf die Kohomologie der Seiten im Rande der Borel-Serre Kompaktifizierung von $\Gamma\backslash X$ zu studieren. Dies erlaubt uns dann, ein vollständigeres Resultat über die durch $E(\phi,\Lambda_o)$ repräsentierten Klassen zu formulieren (cf. 4.11.).

4.6. Assoziierte parabolische Untergruppen. Sei P_i, $i = 1,2$, eine parabolische $\mathbb{Q}$-Untergruppe von G mit zerfallender Komponente A_i. Sei $W(A_1,A_2)$ die Menge aller Isomorphismen $A_1 \to A_2$, die durch diejenigen inneren Automorphismen von G induziert werden, die einen über $\mathbb{Q}$-definierten Isomorphismus $\underline{M}_1(\mathbb{R}) \to \underline{M}_2(\mathbb{R})$ definieren. Dann heißen P_1 und P_2 assoziiert zueinander, wenn die Menge $W(A_1,A_2)$ nichtleer ist. Es ist wohlbekannt, daß diese Definition nicht von der Auswahl der A_i abhängt. Man beachte, daß parabolische $\mathbb{Q}$-Untergruppen von G, die konjugiert zueinander sind, auch assoziiert sind; die Umkehrung gilt jedoch nicht. Sind P_1 und P_2 jedoch minimal parabolische $\mathbb{Q}$-Untergruppen, so sind sie stets konjugiert zueinander, also auch assoziiert zueinander. Die Beziehung des Assoziiertseins definiert eine Äquivalenzrelation auf der Menge der parabolischen $\mathbb{Q}$-Untergruppen von G. Zu gegebenem P bezeichnen wir die Klasse der assoziierten parabolischen $\mathbb{Q}$-Untergruppen mit $\{P\}$.

Wir stellen einige offensichtliche Tatsachen über die Mengen $W(A_1,A_2)$ zusammen. Ist P eine parabolische $\mathbb{Q}$-Untergruppe von G mit zerfallender Komponente A, so setzen wir $W(A) = W(A,A)$. Dies ist eine endliche Gruppe, isomorph zu dem Quotienten $N_G(A)/Z_G(A)$ des Normalisators $N_G(A)$ von A durch den Zentralisator $Z_G(A)$. Ist $s \in W(A_1,A_2)$, so gilt

$$s\,W(A_1) = W(A_1,A_2) = W(A_2)s \quad ,$$

und $W(A_1,A_2)$ ist endlich. Weiterhin gilt $W(A_2,A_1) = W(A_1,A_2)^{-1}$, und sind (P_i,A_i) , $i = 1,2,3$, assoziiert zueinander, so hat man $W(A_1,A_3) = W(A_2,A_3) \cdot W(A_1,A_2)$.

Sei x_s ein Repräsentant von $s \in W(A_1,A_2)$ in G . Da x_s A_1 nach A_2 durch inneren Automorphismus abbildet, hat man auch ${}^oM_2 = ({}^oM_1)^{x_s}$, und wir erhalten eine Bijektion von ${}^o\hat{M}_1$ auf ${}^o\hat{M}_2$. Da jedes andere Element, das x_s induziert, von der Form $x_s \cdot m \cdot a$, $m \in {}^oM_1$, $a \in A_1$, ist, hängt die durch x_s definierte Bijektion nicht von x_s ab, sondern nur von s . So können wir also ${}^s\pi$ für das Bild von $\pi \in {}^o\hat{M}_1$ unter dieser Bijektion schreiben (cf. [29], p. 42).

<u>Beispiel</u>: Sei P eine maximal parabolische $\mathbb{Q}$-Untergruppe von G . Dann ist jede parabolische $\mathbb{Q}$-Untergruppe in $\{P\}$ konjugiert zu P oder der opponierenden Gruppe $\overline{P}$. Dann enthält $W(A_P)$ entweder zwei Elemente oder $W(A_P) = \{1\}$, und der erste Fall tritt ein genau dann wenn P zu $\overline{P}$ konjugiert ist.

<u>4.7.</u> <u>Der konstante Term von $E(\phi,\Lambda)$</u> . Sei wie zuvor $e'(P)$ die zu der parabolischen $\mathbb{Q}$-Untergruppe P von G korrespondierende Seite im Rand der Borel-Serre Kompaktifizierung von $\Gamma\backslash X$. Die zerfallende, Θ-stabile Komponente von P wird mit $A = A_P$ bezeichnet. Sei $[\phi] \in H^*_{cusp}(e'(P),E_\lambda)$ eine cuspidale Klasse vom Typ (π,w) , $\pi \in {}^o\hat{M}$, $w \in W^P$, die durch eine harmonische Spitzenform ϕ repräsentiert wird. (Ein solcher harmonischer Repräsentant existiert nach 1.6. stets.) Zu gegebenem $\Lambda \in \underline{a}^*_{\mathbb{C}}$ haben wir in 4.3. via

$$\phi_\Lambda = \sum_J (f_J a^{\Lambda+\rho})\omega^J \qquad (f_J \in C^\infty(\Gamma_P AN\backslash G) \otimes E_\lambda)$$

die Eisensteinreihe

$$E(\phi,\Lambda) = \sum_J E(f_J,\Lambda)\omega^J$$

assoziiert. Unter der Voraussetzung der Holomorphie im Punkte Λ ist der konstante Term von $E(\phi,\Lambda)$ bezüglich einer parabolischen $\mathbb{Q}$-Untergruppe von G dann entsprechend 1.5.(7) definiert als

$$(1) \qquad E(\phi,\Lambda)_Q = \sum_J E(f_J,\Lambda)_Q\, \omega^J ,$$

wobei $E(f_J,\Lambda)_Q$ der konstante Term der Koeffizientenfunktionen ist.

Um später darauf Bezug nehmen zu können, führen wir nun einige einfache Resultate über den konstanten Term $E(\phi,\Lambda)_Q$ auf. Diese sind von den analogen Ergebnissen für die $E(f_J,\Lambda)_Q$ impliziert, für die wir Literaturhinweise geben.

Wir setzen voraus, daß der parabolische Rang $prk(Q)$ von Q größer oder gleich $prk(P)$ ist.

(2) Ist $prk(Q) > prk(P)$, so verschwindet der konstante Term $E(\phi,\Lambda)_Q$ identisch.

(3) Ist $prk(Q) = prk(P)$ und P ist <u>nicht</u> assoziiert zu Q, dann verschwindet $E(\phi,\Lambda)_Q$ identisch.

Die Behauptungen (2) und (3) sind in [29] als Korollar 2 zu Lemma 33 enthalten. Für den Fall, daß P und Q assoziiert zueinander sind, verweisen wir auf 4.8.

Wir erwähnen noch ein Resultat der Vollständigkeit halber im Fall $prk(Q) < prk(P)$, das wir jedoch später nicht benötigen. Es besagt, daß $E(\phi,\Lambda)_Q$ vernachlässigbar bezüglich Q im Sinne von Harish-Chandra ist, i.e. die Funktionen $m \mapsto E(f_J,\Lambda)_Q(ma)$ $(m \in {}^oM)$ für jedes $a \in A_Q$ sind orthogonal zum Raum der cuspidalen Funktionen auf $\Gamma_M \backslash {}^oM$

(cf. Lemma 31 in [29]).

4.8. Der konstante Term von $E(\phi,\Lambda)$ im Falle assoziierter parabolischer Untergruppen. In diesem und den nächsten Abschnitten werden wir ganz explizit den konstanten Term von $E(\phi,\Lambda)$ bezüglich einer zu P assoziierten parabolischen $\mathbb{Q}$-Untergruppe von G beschreiben. Wir beginnen damit, die Theorie für die Koeffizientenfunktionen $E(f_J,\Lambda)$ zu erläutern. Hierzu vergleiche man die Lemmata 4.4., 4.5. in [37] (cf. S. 80 ff) oder [29], II, § 5.

Seien P_i , $i = 1,2$, zwei parabolische $\mathbb{Q}$-Untergruppen von G mit zerfallenden Komponenten A_i ; wir nehmen an, daß P_1 und P_2 assoziiert zueinander sind. Zu gegebenem $s \in W(A_1,A_2)$ wählen wir einen Repräsentanten $y \in \underline{G}(\mathbb{Q})$ so daß $\mathrm{Int}(y)_{|A_1} = s$. Die Menge $P_1y^{-1}P_2$ hängt nicht von der Auswahl von y ab, sondern nur von s . Wir setzen deshalb

$$(1) \qquad \Gamma(s) := \Gamma \cap P_1y^{-1}P_2 ,$$

und man beachte, daß die Mengen $\Gamma(s)$, $s \in W(A_1,A_2)$, disjunkt sind.

Sei $f \in C^\infty(\Gamma_{P_1}A_1N_1\backslash G)$ eine K-endliche Funktion, so daß für jedes $g \in G$ die Funktion $m \mapsto f(mg)$, $m \in {}^oM_1$, eine cuspidale automorphe Form auf ${}^oM_1$ bezüglich Γ_{M_1} ist. Für $\Lambda \in (\underline{a}^*_{1,\mathbb{C}})^+$ hat man dann den folgenden Ausdruck für den konstanten Term der Eisensteinreihe $E(f,\Lambda)$ bezüglich P_2

$$(2) \qquad E(f,\Lambda)_{P_2}(x) = \sum_{s \in W(A_1,A_2)} \Phi_{\Lambda,s}(x) , \quad (x \in G) ,$$

wobei $\Phi_{\Lambda,s}$ eine C^∞-Funktion auf G ist, die definiert ist durch

$$(3) \qquad \Phi_{\Lambda,s}(x) = \int_{N_2 \cap \Gamma\backslash N_2} \sum_{\Gamma\cap P_1\backslash\Gamma(s)} f(\gamma nx)a_1(\gamma nx)^{\Lambda+\rho_{P_1}} dn$$

(wie zuvor bezeichnet $a_i(\ )$ hier die A_i-Komponente des Arguments in der

Zerlegung $G = {}^{o}M_iA_iN_iK$.) Die Funktion $\Phi_{\Lambda,s}$ besitzt die folgenden Eigenschaften (cf. Lemma 37 für (4) - (6) resp. Lemma 36 für (7), [29]):

(4) $\Phi_{\Lambda,s}(man) = \Phi_{\Lambda,s}(m)a^{s\Lambda+\rho_{P_2}} \quad (m \in {}^{o}M_2, a \in A_2, n \in N_2)$

(5) $\Phi_{\Lambda,s}$ ist K-endlich

(6) $\Phi_{\Lambda,s}$ ist $Z(\underline{g})$-endlich

(7) Die Funktion $m \to \Phi_{\Lambda,s}(m)$ auf ${}^{o}M_2$ ist eine Spitzenform für Γ_{M_2} .

Setzt man zusätzlich noch für f voraus, daß für jedes $g \in G$ die Funktion $m \mapsto f(mg)$, $m \in {}^{o}M_1$, als cuspidale automorphe Form in der isotypischen Komponente $V_\pi \subset L^2_o(\Gamma_{M_1} \backslash {}^{o}M_1)$ zu gegebenem $\pi \in {}^{o}\hat{M}_1$ liegt, so ist $m \mapsto \Phi_{\Lambda,s}(m)$, $m \in {}^{o}M_1$, ein Element der isotypischen Komponente in $L^2_o(\Gamma_{M_2} \backslash {}^{o}M_2)$, die zu ${}^{s}\pi$ korrespondiert.

Wir bezeichnen nun mit H_{P_1} den Raum der Funktionen $f \in C^\infty(\Gamma_{P_1} A_1N_1 \backslash G)$, die K-endlich sind und so daß für jedes $g \in G$ die Funktion $m \mapsto f(mg)$, $m \in {}^{o}M_1$, eine cuspidale automorphe Form auf ${}^{o}M_1$ bezüglich Γ_{M_1} ist. Für $f \in H_{P_1}$ und $\Lambda \in (\underline{a}^*_{1,\mathbb{C}})^+$ setzen wir dann

(8) $\tilde{\Phi}_{\Lambda,s}(x) := \Phi_{\Lambda,s}(x)a_2(x)^{-s\Lambda-\rho_{P_2}} \quad (x \in G)$.

Dann ist $\tilde{\Phi}_{\Lambda,s}$ ein Element von $C^\infty(\Gamma_{P_2} A_2N_2 \backslash G)$, das wegen (4) - (7) die definierenden Bedingungen für H_{P_2} erfüllt. Deshalb definiert

(9) $(c(s,\Lambda)f)(x) := \tilde{\Phi}_{\Lambda,s}(x)$

einen linearen Operator von H_{P_1} nach H_{P_2} . Dies ist nur definiert für $\Lambda \in (\underline{a}^*_{1,\mathbb{C}})^+$, jedoch kann $(c(s,\Lambda)f)$ analytisch fortgesetzt werden zu einer meromorphen Funktion auf ganz $\underline{a}^*_{1,\mathbb{C}}$ (cf. [37], Lemma 6.1.).

Da $c(s,\Lambda)f$ ein Element von $C^\infty(\Gamma_{P_2}A_2N_2\backslash G)$ ist, haben wir wie üblich für $s\Lambda \in \underline{a}^*_{2,\mathbb{C}}$ die zugehörige Funktion $(c(s,\Lambda)f)_{s\Lambda} \in C^\infty(\Gamma_{P_2}N_2\backslash G)$, definiert durch

$$(10) \qquad (c(s,\Lambda)f)_{s\Lambda}(x) = \tilde{\Phi}_{\Lambda,s}(x)a_2(x)^{s\Lambda+\rho_{P_2}} = \Phi_{\Lambda,s}(x) \quad .$$

Der konstante Term kann deshalb geschrieben werden als

$$(11) \qquad E(f,\Lambda)_{P_2}(x) = \sum_{s\in W(A_1,A_2)} \Phi_{\Lambda,s}(x) = \sum_{s\in W(A_1,A_2)} (c(s,\Lambda)f)_{s\Lambda}(x) \quad .$$

Geht man zu den Definitionen zurück, so kann man $c(s,\Lambda)f$ etwas expliziter wie folgt ausdrücken

$$(12) \qquad (c(s,\Lambda)f)(x) = \tilde{\Phi}_{\Lambda,s}(x) = \Phi_{\Lambda,s}(x)a_2(x)^{-s\Lambda-\rho_{P_2}} = \Big(\int_{\Gamma_{N_2}\backslash N_2} \sum_{\Gamma_{P_1}\backslash\Gamma(s)} f(\gamma nx)a_1(\gamma nx)^{\Lambda+\rho_{P_1}}dn\Big)a_2(x)^{-s\Lambda-\rho_{P_2}}$$

oder unter Benutzung der Notation des konstanten Terms

$$(13) \qquad (c(s,\Lambda)f)(x) = \Big(\sum_{\Gamma_{P_1}\backslash\Gamma(s)} f_\Lambda(\gamma x)\Big)_{P_2} a_2(x)^{-s\Lambda-\rho_{P_2}} \quad .$$

Wir bemerken schließlich, daß nach Definition (9) $c(s,\Lambda)f$ als Funktion auf ${}^oM_2$ genau die cuspidale Form für Γ_{M_2} ist, die durch die Restriktion von $\Phi_{\Lambda,s}$ auf ${}^oM_2$ gegeben ist.

Nimmt man nun für $f \in C^\infty(\Gamma_{P_1}A_1N_1\backslash G)$ ein Element des Darstellungsraumes $I_{P_1,\pi,\Lambda,(K)}$, i.e. f korrespondiert zu einem K-endlichen Vektor in der von $V_\pi \subset L^2_o(\Gamma_{M_1}\backslash {}^oM_1)$ hochinduzierten Darstellung $\mathrm{Ind}_{P_1,\pi,\Lambda,(K)}$, die wir auf dem Funktionenraum $C^{\infty}(\Gamma_{P_1} A_1 N_1 \backslash G)$ realisiert haben (cf. 3.6.), so ist wegen (4) - (7) $\tilde{\Phi}_{\Lambda,s}$ ein Element des Darstellungsraumes $I_{P_2,s\pi,s\Lambda,(K)}$, und durch Restriktion erhält man für fixes Λ einen linearen Operator

$$(14) \qquad c(s,\Lambda) \; : \; I_{P_1,\pi,\Lambda,(K)} \to I_{P_2,s\pi,s\Lambda,(K)}$$

der, wie man leicht nachprüft, ein $(\underline{g},K)$-Modulhomomorphismus ist. (cf. Lemma 37 in [29]).

Wir weisen darauf hin, daß das Verhalten der Eisensteinreihe $E(f,\Lambda)$ bezüglich der Frage der Holomorphie in dem zu $(\underline{a}^*_{-1,\mathbb{C}})^+$ komplementären Bereich eng verbunden ist mit dem von $c(s,\Lambda)f$. Sei $\Lambda_o \in \underline{a}^*_{-1,\mathbb{C}}$ fixiert, und sei $c(s,\Lambda_o)f$ holomorph in Λ_o für jede parabolische $\mathbb{Q}$-Untergruppe Q in der Klasse $\{P_1\}$ der zu P_1 assoziierten parabolischen $\mathbb{Q}$-Untergruppen und jedes $s \in W(A_{P_1},A_Q)$, dann ist $E(f,\Lambda)$ für f wie in der obigen Diskussion holomorph in Λ_o. Weiter ist Formel (11) gültig für $Q \in \{P_1\}$ und Λ_o, i.e. wir haben

$$(15) \qquad E(f,\Lambda_o)_Q = \sum_{s \in W(A_1,A_Q)} (c(s,\Lambda_o)f)_{s\Lambda_o} .$$

4.9. Wir nehmen nun an, daß $P_1 = P_2 = P$ zusammenfallen, und bezeichnen mit $1 \in W(A_P)$ die identische Transformation auf A_P. Das Haarsche Maß auf N war normalisiert worden durch die Bedingung $\mathrm{vol}_{dn}(\Gamma \cap N\backslash N) = 1$, und es gilt nach Definition 4.8.(1) $\Gamma(1) = \Gamma \cap P$. Deshalb folgt aus 4.8.(3) und der Tatsache, daß $f \in C^{\infty}(\Gamma_P A_P N\backslash G)$ invariant ist unter N, daß die Transformation $c(1,\Lambda)$ die Identität ist.

4.10. Wir übertragen nun die Ergebnisse von 4.8., 4.9. auf den konstanten Term von $E(\phi,\Lambda)$ bezüglich einer parabolischen $\mathbb{Q}$-Untergruppe, die zu P assoziiert ist.

Seien P_i , i = 1,2 , zwei parabolische $\mathbb{Q}$-Untergruppen von G mit zerfallenden Θ-stabilen Komponenten $A_i = A_{P_i}$; wir nehmen an, daß P_1 und P_2 assoziiert zueinander sind. Für $\Lambda \in (\underline{a}^*_{1,\mathbb{C}})^+$ sei $E(\phi,\Lambda)$ die einer Kohomologieklasse $[\phi]$ aus $H^*_{cusp}(e'(P_1);E_\lambda)$ vom Typ (π,w) , $\pi \in {}^\circ\hat{M}_1$, $w \in W^{P_1}$, repräsentiert durch eine harmonische Spitzenform $\phi \in \Omega^*(\Gamma_{M_1}\backslash Z_{M_1};F_{w(\lambda+\rho)-\rho})$, zugeordnete Eisensteinform. Schreiben wir wie in 4.3.(1)

$$\phi = \sum_J f_J\omega^J \quad , \quad f_J \in C^\infty(\Gamma_{P_1}A_1N_1\backslash G) \otimes E_\lambda$$

resp.

$$\phi_\Lambda = \sum_J f_{J,\Lambda}\omega^J \quad \in \Omega^*(G;E_\lambda)^{\Gamma_{P_1}} \quad ,$$

so gilt nach 4.7.(1)

$$E(\phi,\Lambda)_{P_2} = \sum_J E(f_J,\Lambda)_{P_2}\omega^J \quad ,$$

wobei wir wegen 4.8.(11), (12), (13) haben

$$(1) \qquad E(f_J,\Lambda)_{P_2} = \sum_{s \in W(A_1,A_2)} (c(s,\Lambda)f_J)_{s\Lambda}(x)$$

$$= \sum_{s \in W(A_1,A_2)} \Big(\sum_{\Gamma_{P_1}\backslash\Gamma(s)} f_{J,\Lambda}(\gamma x)\Big)_{P_2} \quad .$$

Wir setzen

$$(2) \qquad \underline{\underline{c}}(s,\Lambda)(\phi) := \sum_J (c(s,\Lambda)f_J)\omega^J \quad .$$

Dann ist $c(s,\Lambda)f_J$ aus $C^\infty(\Gamma_{P_2}A_2N_2\backslash G) \otimes E_\lambda$, und durch (2) wird eine Differentialform auf $\Gamma_{P_2}\backslash X$ definiert. Wir setzen weiterhin

$$(3) \qquad \underline{\underline{c}}(s,\Lambda)(\phi)_{s\Lambda} := \sum_J (c(s,\Lambda)f_J)_{s\Lambda}\omega^J \quad ,$$

wodurch ein Element von $\Omega^*(X;E_\lambda)^{\Gamma_{P_2}}$ gegeben wird.

Zu jedem $\Lambda \in \underline{a}^*_{1,\mathbb{C}}$ und jedem gegebenen Paar (π,w), $\pi \in {}^{\circ}\hat{M}_1$, $w \in W^{P_1}$ definieren wir den Unterraum

$$\Omega^*(X;E_\lambda)^{\Gamma_{P_1}}_{(\pi,w),\Lambda} \subset \Omega^*(X;E_\lambda)^{\Gamma_{P_1}}$$

als den, der durch das Bild der Abbildung aufgespannt wird, die einer Spitzenform ϕ aus $\Omega^*(\Gamma_{M_1}\backslash Z_{M_1}, H^*(\underline{n},E_\lambda))$ vom Typ (π,w) die Differentialform ϕ_Λ (cf. 3.2.) zuordnet. Man beachte, daß wegen 3.4. dadurch kein Unterkomplex gegeben ist. Dann definiert für $\Lambda \in (\underline{a}^*_{1,\mathbb{C}})^+$

(4) $$\underline{\underline{c}}(s,\Lambda)_{s\Lambda}(\phi_\Lambda) := \underline{\underline{c}}(s,\Lambda)(\phi)_{s\Lambda}$$

einen Operator

(5) $$\underline{\underline{c}}(s,\Lambda)_{s\Lambda} : \Omega^*_{\pi,\Lambda}(X;E_\lambda)^{\Gamma_{P_1}} := \bigoplus_{w \in W^{P_1}} \Omega^*(X;E_\lambda)^{\Gamma_{P_1}}_{(\pi,w),\Lambda} \longrightarrow \Omega^*(X;E_\lambda)^{\Gamma_{P_2}} .$$

Analog zu 4.8.(12) kann man sehr leicht sehen, daß man

(6) $$\underline{\underline{c}}(s,\Lambda)(\phi)(g) = \Big(\sum_{\Gamma_{P_1}\backslash \Gamma(s)} \gamma^{-1} \circ \phi_\Lambda \Big)_{P_2}(g)\, a_2(g)^{-s\Lambda-\rho_{P_2}}$$

hat. Indem wir (3) mit (1) kombinieren, können wir deshalb schreiben

(7) $$E(\phi,\Lambda)_{P_2} = \sum_{s \in W(A_1,A_2)} (\underline{\underline{c}}(s,\Lambda)(\phi))_{s\Lambda} .$$

Entsprechend der analytischen Fortsetzung der Operatoren $c(s,\Lambda)$ auf ganz $\underline{a}^*_{1,\mathbb{C}}$, besitzen auch die Operatoren $\underline{\underline{c}}(s,\Lambda)$ eine analytische Fortsetzung, und Formel (7) bleibt gültig für jedes Λ_o aus $\underline{a}^*_{1,\mathbb{C}}$, wenn $E(\phi,\Lambda)$ und die Operatoren $\underline{\underline{c}}(s,\Lambda)$ holomorph in Λ_o für alle s aus $W(A_1,A_2)$ sind.

Im Rahmen der relativen Liealgebrakomplexe werden wir jetzt die Operatoren $\underline{\underline{c}}(s,\Lambda)$ mit entsprechenden $(\underline{g},K)$-Modulhomomorphismen zwischen $(\underline{g},K)$-Moduln induzierter Darstellungen in Verbindung bringen.

Wir haben in 1.3. gesehen, daß die kanonische Identifikation von Komplexen

$$(8) \qquad \Omega^*(X;E_\lambda)^{\Gamma_{P_i}} \xrightarrow{\sim} D^*(\underline{g},K;C^\infty(\Gamma_{P_i}\backslash G) \otimes E_\lambda) \quad , \quad i = 1,2,$$

induziert wurde durch das Zurückziehen einer Differentialform η auf X zu einer Form η^o auf G, die durch $\eta^o(g) = \tau(g^{-1})(\eta \circ \pi)(g)$ definiert ist, wobei $\pi : G \to G/K = X$ die kanonische Projektion bezeichnet. Nach Annahme ist ϕ vom Typ (π,w), i.e. ein Element aus $D^*({}^o\underline{m}_1,K_{M_1};V_{\pi,(K)} \otimes F_{w(\lambda+\rho)-\rho})$. In 3.6. haben wir dann ϕ in natürlicher Weise als ein Element von $D^*({}^o\underline{p},K_{P_1};V_{\pi,(K)} \otimes E_\lambda)$ angesehen und es für $\Lambda \in \underline{a}^*_{1,\mathbb{C}}$ zu

$$\phi_\Lambda \in D^*(\underline{p},K_{P_1};V_{\pi,(K)} \otimes \mathbb{C}_{\Lambda+\rho} \otimes E_\lambda)$$

$$= D^*(\underline{g},K;I_{P_1,\pi,\Lambda,(K)} \otimes E_\lambda) \subset D^*(\underline{g},K;C^\infty(\Gamma_{P_1}\backslash G) \otimes E_\lambda)$$

hochgehoben. Bezeichne mit

$$D^*_{\pi,\Lambda} \subset D^*(\underline{p},K_{P_1};V_{\pi,(K)} \otimes \mathbb{C}_{\Lambda+\rho} \otimes E_\lambda)$$

den Unterraum, der unter der kanonischen Identifikation (8) zu $\Omega^*_{\pi,\Lambda}(X;E_\lambda)^{\Gamma_{P_i}}$ korrespondiert. Es gilt dann (cf. [20], Beweis von III, 3.3)

$$D^*(\underline{p},K_{P_1};V_{\pi,(K)} \otimes \mathbb{C}_{\Lambda+\rho} \otimes E_\lambda) \cong D^*_{\pi,\Lambda} \otimes \Lambda^*\underline{a}$$

Aber andererseits wissen wir (cf. 4.8.(14)), daß

$$c(s,\Lambda) \; : \; I_{P_1,\pi,\Lambda,(K)} \to I_{P_2,s\pi,s\Lambda,(K)}$$

ein $(\underline{g},K)$-Modulhomomorphismus ist und deshalb eine natürliche Abbildung von Komplexen

$$(9) \qquad C(s,\Lambda) \; : \; D^*(\underline{g},K;I_{P_1,\pi,\Lambda,(K)} \otimes E_\lambda) \to D^*(\underline{g},K;I_{P_2,s\pi,s\Lambda,(K)} \otimes E_\lambda)$$

induziert. Nach Konstruktion von $\underline{\underline{c}}(s,\Lambda)$ zeigt sich dann, daß die Einschränkung von $C(s,\Lambda)$ auf den Unterraum $D^*_{\pi,\Lambda}$ via der kanonischen Identifikation (8) mit dem Operator $\underline{\underline{c}}(s,\Lambda)_{s\Lambda}$ von (5) zusammenfällt.

Diese Beobachtung ist sehr nützlich, wenn man die Restriktion einer Kohomologieklasse in $H^*(\Gamma\backslash X;E_\lambda)$, die durch eine Eisensteinform $E(\phi,\Lambda)$ repräsentiert ist, auf die Kohomologie der Seite $e'(P_2)$ studiert. Wir nehmen nun an, daß die Eisensteinreihe $E(\phi,\Lambda)$, die einer Klasse $[\phi]$ in $H^*_{cusp}(e'(P_1);E_\lambda)$ vom Typ (π,w) zugeordnet ist, holomorph an der Stelle Λ_o ist, und $E(\phi,\Lambda_o)$ eine geschlossene Differentialform in $\Omega^*(X;E_\lambda)^\Gamma$ ist. (Wegen 3.9. und 4.5. werden wir später natürlich $\Lambda_o = -w(\lambda+\rho)|_{\underline{a}}$ setzen.) Nach 1.10. und (7) ist die Restriktion der Klasse $[E(\phi,\Lambda_o)]$ auf die Seite $e'(P_2)$ dann gegeben als

$$r^*_{P_2}([E(\phi,\Lambda_o)]) = [E(\phi,\Lambda_o)_{P_2}]|e'(P_2)$$

$$= \sum_{s\in W(A_1,A_2)} [\underline{\underline{c}}(s,\Lambda_o)_{s\Lambda_o}(\phi_{\Lambda_o})]|e'(P_2) ,$$

wobei $\underline{\underline{c}}(s,\Lambda_o)_{s\Lambda_o}(\phi_{\Lambda_o})$ nach Definition aus $\Omega^*(X;E_\lambda)^{\Gamma_{P_2}}$ ist. Sehen wir uns das nun im Rahmen der relativen Liealgebrakomplexe an, so wissen wir (cf. (9)), daß via der Identifikation (8)

$$\underline{\underline{c}}(s,\Lambda_o)_{s\Lambda_o}(\phi_{\Lambda_o}) = C(s,\Lambda_o)(\phi_{\Lambda_o})$$

gilt, wobei die rechte Seite ein Element in

$$D^*(\underline{p},K_{P_2},V_{s\pi,(K)} \otimes \mathbb{C}_{s\Lambda_o+\rho} \otimes E_\lambda) = D^*(\underline{g},K;I_{P_2,s\pi,s\Lambda_o,(K)} \otimes E_\lambda)$$

ist. Man hat deshalb

$$(10) \qquad [C(s,\Lambda_o)(\phi_{\Lambda_o})] \in H^*(\underline{g},K;I_{P_2,s\pi,s\Lambda_o,(K)} \otimes E_\lambda) .$$

Die Berechnung dieser Kohomologiegruppen wurde in 3.7. angegeben (cf. [20], III, 3.3.). Hier setzen wir jetzt der technischen Einfachheit halber voraus, daß auch (P_2,A_2) standard ist. (Anderenfalls haben wir eine minimal parabolische $\mathbb{Q}$-Untergruppe $'P_o$ mit zerfallender Komponente $'A_o$ zu wählen, so daß (P_2,A_2) standard bezüglich $('P_o,'A_o)$ ist, und dann bei der Berechnung der Kohomologie im folgenden anstelle von W, W^{P_2} etc. die analogen Begriffsbildungen $'W$, $'W^{P_2}$ etc. zu benutzen. Das Argument bleibt dasselbe.) Ist der Kohomologieraum in (10) nicht-trivial, so existiert ein eindeutig bestimmtes $v_s \in W^{P_2}$ mit

(11) $$v_s(\rho+\lambda)|_{\underline{a}_2} + s\Lambda_o = 0 \quad \text{resp.} \quad \chi_{s\pi} = \chi_{-v_s(\rho+\lambda)|_{\underline{b}_{2,\mathbb{C}}}} ,$$

und es gilt

(12) $$H^r(\underline{g},K;I_{P_2,s\pi,s\Lambda_o,(K)} \otimes E_\lambda) =$$

$$= \bigoplus_{\substack{p+q+\ell(v_s)\\ = r}} H^p({}^o\underline{m}_2,K_{M_2};V_{s\pi,(K)} \otimes F_{v_s(\lambda+\rho)-\rho}) \otimes \Lambda^q \underline{a}^*_{2,\mathbb{C}} .$$

Es gilt nun $\Gamma_{P_2}\backslash X = e'(P_2) \times A_2$. Dann folgt aus (11) und 4.8.(7), (10), daß das Bild der Klasse

$$[\underline{\underline{c}}(s,\Lambda_o)_{s\Lambda_o}(\phi_{\Lambda_o})] = [C(s,\Lambda_o)(\phi_{\Lambda_o})]$$

aus $H^*(\underline{g},K;I_{P_2,s\pi,s\Lambda_o,(K)} \otimes E_\lambda) \subset H^*(X;E_\lambda)^{\Gamma_{P_2}}$ unter dem Morphismus

(13) $$H^*(X;E_\lambda)^{\Gamma_{P_2}} \longrightarrow H^*(e'(P_2),E_\lambda) ,$$

der durch die Restriktion der Klasse auf $e'(P)\cdot a$, $a \in A_{2,t}$ in der Notation von 1.9. gegeben ist, mittels der natürlichen Inklusion

(14) $$H^*({}^o\underline{m}_2,K_{M_2};V_{s\pi,(K)} \otimes F_{v_s(\lambda+\rho)-\rho}) \rightarrow$$

$$\rightarrow H^*({}^o\underline{m}_2,K_{M_2};L^2_o(\Gamma_{M_2}\backslash {}^oM_2) \otimes H^*(\underline{n}_2,E_\lambda)) = H^*_{cusp}(e'(P_2),E_\lambda)$$

studiert werden kann. Es zeigt sich insbesondere, daß die betrachtete Klasse $[C(s,\Lambda_o)(\phi_{\Lambda_o})]|_{e'(P_2)}$ in der Zerlegung (12) zu einer Klasse vom Gewicht $v_s(\lambda+\rho)-\rho|_{\underline{a}_2}$ korrespondieren muß.

4.11. THEOREM. *Sei* P *eine parabolische* $\mathbb{Q}$*-Untergruppe von* G *und* A_P *sei die zerfallende*, Θ*-stabile Komponente*. *Sei* $[\phi] \in H^*_{cusp}(e'(P);E_\lambda)$ *eine nicht-triviale cuspidale Kohomologieklasse vom Typ* (π,w) $(\pi \in {}^o\hat{M}, w \in W^P)$, *die durch eine harmonische Spitzenform repräsentiert wird* (cf. 3.2.). *Wir nehmen an*, *daß die*, *der Klasse* $[\phi]$ *zugeordnete Eisensteinreihe* $E(\phi,\Lambda)$ *holomorph an der Stelle*

$$\Lambda_o = -w(\lambda+\rho)|_{\underline{a}}$$

ist. *Dann gilt*

(1) *Die Differentialform* $E(\phi,\Lambda_o) \in \Omega^*(X;E_\lambda)^\Gamma$ *ist geschlossen und harmonisch und repräsentiert eine nicht-triviale Klasse in* $H^*(\Gamma\backslash X;E_\lambda)$.

Ist Q *eine andere parabolische* $\mathbb{Q}$*-Untergruppe von* G *mit zerfallender Komponente* A_Q , *dann ist die Restriktion der Klasse* $[E(\phi,\Lambda_o)]$ *auf die Kohomologie der Seite* $e'(Q)$ *im Rand der Borel-Serre-Kompaktifizierung von* $\Gamma\backslash X$

(2) *falls* P *und* Q *nicht assoziiert zueinander sind und* $prk(Q) \geq prk(P)$ *durch*

$$r^*_Q([E(\phi,\Lambda_o)]) = 0$$

gegeben, *resp*.

(3) *falls* P *und* Q *assoziiert zueinander sind durch*

$$r^*_Q([E(\phi,\Lambda_o)]) = \sum_{s \in W(A_P,A_Q)} [\underline{c}(s,\Lambda_o)_{s\Lambda_o}(\phi_{\Lambda_o})]|_{e'(Q)}$$

gegeben.

Die Tatsache, daß $E(\phi,\Lambda_o)$ eine geschlossene und harmonische Form ist, folgt sofort aus 3.9., 4.3.(4) und der Verträglichkeit des Laplace-

Operators mit der Eisensteinsummation nach 4.1.(8). Da man nach 1.10. $r_Q^*([E(\phi,\Lambda_o)]) = [E(\phi,\Lambda_o)_Q]|_{e'(Q)}$ hat, wird die Aussage (2) von 4.7.(2), (3) impliziert. Für den verbleibenden Fall, daß P und Q assoziiert zueinander sind, wissen wir durch 4.10.(7), (4)

$$E(\phi,\Lambda_o)_Q = \sum_{s \in W(A_P,A_Q)} \underline{\underline{c}}(s,\Lambda_o)_{s\Lambda_o}(\phi_{\Lambda_o}) .$$

Die Formel (3) ist dann klar wieder nach 1.10. .

Um zu zeigen, daß die durch $E(\phi,\Lambda_o)$ repräsentierte Klasse in $H^*(\Gamma\backslash X;E_\lambda)$ nicht-trivial ist, betrachten wir den Fall $P = Q$. Nach (3) gilt dann

$$(4) \qquad r_P^*([E(\phi,\Lambda_o)]) = \sum_{s \in W(A_P)} [\underline{\underline{c}}(s,\Lambda_o)_{s\Lambda_o}(\phi_{\Lambda_o})]|_{e'(P)} ,$$

wobei $[\underline{\underline{c}}(s,\Lambda_o)_{s\Lambda_o}(\phi_{\Lambda_o})]|_{e'(P)}$ nach der Diskussion am Ende von 4.10. im Bild der natürlichen Inklusion

$$(5) \qquad H^*({}^o\underline{m},K_M,V_{s\pi,(K)} \otimes F_{v_s(\lambda+\rho)-\rho}) \subset H^*_{cusp}(e'(P),E_\lambda)$$

liegen muß. Ist $s = 1 \in W(A_P)$ die identische Transformation, so gilt

$$(6) \qquad [\underline{\underline{c}}(1,\Lambda_o)_{\Lambda_o}(\phi_{\Lambda_o})]|_{e'(P)} = [\phi_{\Lambda_o}]|_{e'(P)} = [\phi] ,$$

da nach 4.9. $\underline{\underline{c}}(1,\Lambda_o)_{\Lambda_o}$ der identische Operator ist. Wir zeigen nun, daß in der Summe (4) kein gegenseitiges Wegheben möglich ist, da entweder die Klassen $[\underline{\underline{c}}(s,\Lambda_o)_{s\Lambda_o}(\phi_{\Lambda_o})]|_{e'(P)} \in H^*_{cusp}(e'(P);E_\lambda)$ von unterschiedlichem Gewicht im Sinne von 3.2. sind für $s,s' \in W(A_P)$ mit $s \neq s'$ oder V_{s_π} und $V_{s'_\pi}$ voneinander verschiedenen infinitesimalen Charakter haben. (cf. Lemma 2.11, [14]). Man erinnere hierzu, daß jedes Element t von $W(A_P)$ durch einen inneren Automorphismus von $\underline{g}_{\mathbb{C}}$, der $\underline{h}_{\mathbb{C}}$ in sich überführt, also durch ein Element in W induziert wird. Ist $w_t \in W$ ein solches Element, so ist jedes andere von der Form $x \cdot w_t$ oder $w_t \cdot y$ mit x,y

aus W_M. Hat ein $\pi \in {}^o\hat{M}$ nun infinitesimalen Charakter χ_ν mit $\nu \in \underline{b}^*_{\mathbb{C}}$, so hat ${}^t\pi$ infinitesimalen Charakter $\chi_{w_t^*(\nu)}$, wobei w_t^* den durch irgendeinen Repräsentanten w_t von t in W induzierten Automorphismus von $\underline{h}^*_{\mathbb{C}}$ bezeichnet. Wir nehmen jetzt an, daß für $s,s' \in W(A_P)$, $s \neq s'$, die A_P-Modulstrukturen auf den Unterräumen in (5) übereinstimmen, i.e. $v_s(\lambda+\rho)-\rho|_{\underline{a}} = v_{s'}(\lambda+\rho)-\rho|_{\underline{a}}$, und wir werden zeigen, daß dann $V_{s\pi}$ und $V_{s'\pi}$ voneinander verschiedene infinitesimale Charaktere haben. Nach 3.1.(5) hat V_π den infinitesimalen Charakter $\chi_\pi = \chi_{-w(\lambda+\rho)|_{\underline{b}_{\mathbb{C}}}}$, und $\chi_{t\pi} = \chi_{-w_t(w(\lambda+\rho))|_{\underline{b}_{\mathbb{C}}}}$, $t = s,s'$. Da $w(\lambda+\rho)$ für $w \in W^P$ regulär ist, müssen die Transformierten von $w(\lambda+\rho)$ unter $W_M \cdot w_t$ für alle $t \in W(A_P)$ verschieden voneinander sein. Da $s(w(\rho+\lambda)|_{\underline{a}}) = v_s(\rho+\lambda)|_{\underline{a}} = v_{s'}(\rho+\lambda)|_{\underline{a}} = s'(w(\rho+\lambda)|_{\underline{a}})$ nach Voraussetzung und 4.10.(11) gilt und W_M trivial auf $\underline{a}$ operiert, müssen deshalb schon die Transformierten $w_s(w(\lambda+\rho))_{\underline{b}_{\mathbb{C}}}$ und $w_{s'}(w(\lambda+\rho))_{\underline{b}_{\mathbb{C}}}$ von $w(\lambda+\rho)|_{\underline{b}_{\mathbb{C}}}$ für $s \neq s'$ in verschiedenen Bahnen unter W_M liegen. Es folgt, daß $V_{s\pi}$ und $V_{s'\pi}$ für $s,s' \in W(A_P)$, $s \neq s'$, unterschiedliche infinitesimale Charaktere haben.

Dieses letzte Argument zeigt zusammen mit (6), daß $r_P^*([E(\phi,\Lambda_o)])$ eine nicht-triviale Kohomologieklasse ist. Damit ist auch die letzte Aussage in (1) bewiesen.

Bemerkung. Dies ist in gewissem Sinne das Schlüsselergebnis, wie man mit Hilfe von Eisensteinreihen Kohomologieklassen in $H^*(\Gamma\backslash X;E_\lambda)$ konstruieren kann, die das Verhalten der Kohomologie im Unendlichen widerspiegeln. Hat man erst einmal die gesamte "Maschinerie" aufgebaut, so erhält man Theorem 4.11. auf leichte und natürliche Weise. Ein Hauptproblem bleibt jedoch bestehen, und das ist die Frage, ob die Eisensteinreihe $E(\phi,\Lambda)$ holomorph an der Stelle $\Lambda_o = -w(\rho+\lambda)|_{\underline{a}}$ ist oder nicht. Dieses Problem wird uns im folgenden beschäftigen.

§ 5 Holomorphieaussagen für Eisensteinreihen an speziellen Werten

Trotz methodischer Unterschiede sind die folgenden beiden Paragraphen 5 und 6 beide dem Ziel verpflichtet, Aussagen über das Holomorphieverhalten von Eisensteinreihen $E(\phi,\Lambda)$ an speziellen Werten Λ_o zu beweisen. Wir beginnen deshalb mit einer allgemeinen Diskussion der Problemstellung und verstehen 5.1. als Einleitung zu den Paragraphen 5 und 6.

5.1. Einleitende Bemerkung zum Problem der Holomorphie. In Theorem 4.11. wurde bewiesen, daß die einer cuspidalen Kohomologieklasse $[\phi] \neq 0$ aus $H^*_{cusp}(e'(P),E_\lambda)$ vom Typ (π,w), $(\pi \in {}^oM, w \in W^P)$, zugeordnete Eisensteinreihe $E(\phi,\Lambda)$ eine nicht-triviale Kohomologieklasse $[E(\phi,\Lambda_o)]$ liefert, falls $E(\phi,\Lambda)$ an der Stelle $\Lambda_o = -w(\rho+\lambda)|_{\underline{a}}$ holomorph ist. Das Nachprüfen dieser Voraussetzung ist nun bei gegebenem $[\phi]$ sehr schwierig, da der Wert $\Lambda_o = -w(\lambda+\rho)|_{\underline{a}}$ meistens nicht im Bereich der absoluten Konvergenz der $E(\phi,\Lambda)$ definierenden Reihe liegt, und darüberhinaus keine allgemeinen Aussagen über das Holomorphieverhalten von $E(\phi,\Lambda)$ an solchen Stellen vorliegen. Wie in 4.8. ausgeführt wurde, ist die Frage nach der Holomorphie von $E(\phi,\Lambda)$ in einem Punkte Λ_o eng verbunden mit derselben Frage für die $\underline{c}(s,\Lambda)(\phi)$, $s \in W(A_P,A_Q)$, $Q \in \{P\}$. Über das Holomorphieverhalten dieser $\underline{c}(s,\Lambda)(\phi)$ in dem zum absoluten Konvergenzbereich $(\underline{a}^*_{\mathbb{C}})^+$ komplementären Bereich hat man jedoch ebenfalls kaum allgemeine Ergebnisse, insbesondere dann, wenn man Punkte Λ_o zu studieren hat, die außerhalb der positiven Weylkammer liegen. Dort ist das Problem des Holomorphieverhaltens bisher ein "völliges Rätsel" (cf. [1], S. 262) geblieben. Dies ist der tiefere Grund dafür, daß man keine allgemeine Antwort auf die Frage erwarten darf, ob die Eisensteinreihe $E(\phi,\Lambda)$ an der Stelle $\Lambda_o = -w(\lambda+\rho)|_{\underline{a}}$ einen Pol hat oder nicht.

Mit dem Blick auf das Ziel, Eisensteinkohomologieklassen zu konstruieren und mit ihrer Hilfe die Kohomologiegruppen $H^*(\Gamma,X;E_\lambda)$ im Unendlichen zu beschreiben, kann man nun auf zwei verschiedene Weisen weiter vorgehen.

Der erste Weg wurde von Harder in [26] bei der Untersuchung von arithmetischen Untergruppen von Gruppen $\underline{G}$ mit $\mathbb{Q}$-Rang eins beschritten, erscheint jedoch in Fällen höheren Ranges derzeit als zu schwierig. Dort wird die Frage, ob $E(\phi,\Lambda)$ holomorph an der Stelle Λ_o ist, (außer in offensichtlichen Fällen) offen gelassen. Man untersucht stattdessen unter der Annahme der Existenz eines Poles in Λ_o das zugehörige Residuum und die dadurch repräsentierte Kohomologieklasse. Man erhält auf diese Weise jedoch nur Resultate "bis auf die Existenz von Polen". In dem in [26] betrachteten Fall ist dies jedoch ausreichend, um eine völlige Beschreibung der Kohomologie von Γ im Unendlichen mittels Eisensteinreihen zu geben. Dies hängt u. a. wesentlich damit zusammen, daß die Eisensteinreihe $E(\phi,\Lambda)$ dann nur von einem komplexen Parameter $\Lambda \in \mathbb{C}$ abhängt.

Der zweite gangbare Weg ist, für jede Gruppe $\underline{G}$ und in jedem gegebenen Einzelfall einer Klasse $[\phi] \in H^*(e'(P),E_\lambda)$ vom Typ (π,w) das Verhalten der Eisensteinreihe $E(\phi,\Lambda)$ an der Stelle $\Lambda_o = -w(\lambda+\rho)|_{\underline{a}}$ und die Struktur eines dort eventuell vorhandenen Poles gesondert zu untersuchen. Die Formulierung des gesamten Problems in der Sprache der Adele hat sich dabei als sinnvoll erwiesen. Geometrisch bedeutet dies, daß man alle Seiten in $\partial(\Gamma\backslash\overline{X})$, die zu unter $\underline{G}(\mathbb{Q})$ konjugierten parabolischen $\mathbb{Q}$-Untergruppen korrespondieren, zusammenfaßt und einer Familie Φ_A von cuspidalen Kohomologieklassen dann eine Eisensteinreihe $E(\Phi_A,\Lambda)$ zuordnet. Analog zu $\underline{\underline{c}}(s,\Lambda)$ sind dann globale Verkettungsoperatoren definiert und das Holomorphieverhalten der $\underline{\underline{c}}_A(s,\Lambda)(\Phi_A)$ bestimmt wiederum dasjenige von $E(\Phi_A,\Lambda)$. Die in den in [25], [28], [48], [49] und [50] bisher behandelten, wenigen

Spezialfällen durchgeführte Berechnung der globalen Operatoren $\underline{\underline{c}}_A(s,\Lambda)$ zeigt eine enge Verknüpfung mit Werten von L-Funktionen und erlaubte eine präzise Beantwortung der Frage nach der Existenz eines Poles an der Stelle Λ_o.

Andererseits zeigt es sich, daß in manchen wichtigen allgemeinen Fällen auf die aufwendige explizite Berechnung der Operatoren $\underline{\underline{c}}_A(s,\Lambda)$ verzichtet werden kann und man durch verschiedene, andersartige Methoden Ergebnisse über das Holomorphieverhalten von $E(\phi,\Lambda)$ an der Stelle Λ_o bekommen kann. Hierzu soll in den folgenden Paragraphen ein Beitrag geleistet werden. Mit Blick auf den im zweiten Teil dieser Arbeit behandelten Fall der Gruppe $SL_3/\mathbb{Q}$ habe ich dabei solche Ergebnisse und Beispiele in den Vordergrund gestellt, die dort unmittelbare Anwendung finden werden.

Im § 5 geben wir unter der Voraussetzung, daß das höchste Gewicht λ von E_λ regulär ist, spezielle Wahlen von Kohomologieklassen $[\phi]$ aus $H^*(e'(P),E_\lambda)$ vom Typ (π,w), $\pi \in {}^o\hat{M}$, $w \in W^P$, an, für die sich die Frage nach der Holomorphie von $E(\phi,\Lambda)$ im Punkte $\Lambda_o = -w(\lambda+\rho)|_{\underline{a}}$ ohne weiteres positiv beantworten läßt (cf. 5.1., 5.4., 5.5.). Im Falle $\underline{G} = Sl_n/\mathbb{Q}$ können wir daraus z. B. folgern, falls λ regulär ist, daß die Restriktion von $H^*(\Gamma\backslash\overline{X};E_\lambda)$ auf die Kohomologie einer Seite maximaler Kodimension in $\partial(\Gamma\backslash\overline{X})$ (dies entspricht einer minimalen parabolischen $\mathbb{Q}$-Untergruppe) im Grad der kohomologischen Dimension $cd(\Gamma)$ von Γ surjektiv ist und die Konstruktion von Eisensteinkohomologieklassen einen Schnitt dazu liefert.

Im folgenden § 6 werden wir dann speziell Seiten minimaler Kodimension in $\partial(\Gamma\backslash\overline{X})$ behandeln. Die betrachteten Eisensteinreihen hängen dann nur von einem komplexen Parameter $\Lambda \in \mathbb{C}$ ab. Die Frage nach der Existenz eines Poles der einer harmonischen Spitzenform ϕ aus $\Omega^*(e'(P);E_\lambda)$ vom Typ (π,w) $(\pi \in {}^o\hat{M}, w \in W^P)$ zugeordneten Eisensteinreihe in einem Punkte Λ_o im Bereich der positiven Weylkammer wird dann reduziert auf die Frage nach der Existenz unitärer Unterquotienten der induzierten Darstellung I_{P,π,Λ_o}. Diese Umformulierung des Problems hat in viel allgemeinerem Rahmen Gültigkeit. Erfüllt π eine weitere technische Bedingung (i.e. ist π temperiert), so läßt sich das gestellte Problem nun mittels Resultaten über die Unitarisierbarkeit von Langlands-Quotienten lösen (cf. 6.4.). Anwendungen auf die Konstruktion von Eisensteinkohomologieklassen im Falle $SL_n/\mathbb{Q}$ werden dann in 6.5. - 6.7. gegeben.

Wir behalten im folgenden die bisherigen Voraussetzungen und Notationen bei. Insbesondere erinnere man, daß das höchste Gewicht λ der Darstellung (τ,E) als dominant vorausgesetzt war (cf. 2.4.(2)).

5.2. SATZ. *Sei P eine standard parabolische $\mathbb{Q}$-Untergruppe von G mit zerfallender Komponente A_P, und sei $[\phi] \in H^q_{cusp}(e'(P),E_\lambda)$ eine nicht-triviale Kohomologieklasse vom Typ (π,w_P) $(\pi \in {}^o\hat{M}, w_P \in W^P)$, repräsentiert durch eine Spitzenform $\phi \in \Omega^{q-\ell(w_P)}(\Gamma_M\backslash Z_M, H^{\ell(w_P)}(\underline{n},E_\lambda))$, wobei w_P das längste Element in W^P bezeichnet. Ist das höchste Gewicht $\lambda \in \underline{h}^*_{\mathbb{C}}$ von (τ,E_λ) regulär, so ist die zu $[\phi]$ assoziierte Eisensteinreihe $E(\phi,\Lambda)$ holomorph in $\Lambda_o = -w_P(\rho+\lambda)|_{\underline{a}}$ und $[E(\phi,\Lambda_o)] \in H^q(\Gamma\backslash X,E_\lambda)$ ist eine nicht-triviale Klasse, die durch die geschlossene, harmonische Form $E(\phi,\Lambda_o)$ repräsentiert wird.*

Wir zeigen, daß $\Lambda_o = -w_P(\lambda+\rho)|_{\underline{a}}$ in dem Bereich

$$(\underline{a}^*_{\mathbb{C}})^+ = \{\mu \in \underline{a}^*_{\mathbb{C}} \mid \operatorname{Re}\mu \in (\underline{a}^*)^+ + \rho_P\}$$

liegt, wobei $(\underline{a}^*)^+ = \{\beta \in \underline{a}^* \mid (\beta,\alpha) > o \text{ für jedes } \alpha \in \Delta(P,A)\}$ (cf. 4.1.) ist. Dort konvergiert die Eisensteinreihe $E(\phi,\Lambda)$ absolut, und das Ergebnis folgt aus 4.11.

Zuallererst beachte man, daß $\Lambda_o = -w_P(\lambda+\rho)|_{\underline{a}}$ reellwertig ist. Wegen 2.3.(5) können wir $w_P = w_M \cdot w_G$ schreiben, wobei w_G (resp. w_M) das längste Element in W (resp. W_M) bezeichnet. Da W_M trivial auf $\underline{a}$ und deshalb auch auf $\underline{a}^*$ operiert, erhält man

$$\begin{aligned}\Lambda_o &= -w_M \cdot w_G(\lambda+\rho)|_{\underline{a}}\\ &= -w_G(\lambda+\rho)|_{\underline{a}} \quad .\end{aligned}$$

Das höchste Gewicht λ von E_λ wird nun unter $-w_G$ in das höchste Gewicht $\tilde{\lambda}$ der zu E_λ kontragradienten Darstellung E_λ übergeführt (cf. [21], VIII, § 7, no. 5); insbesondere hat man $-w_G(\rho) = \rho$. Man erhält deshalb $\Lambda_o = \tilde{\lambda} + \rho|_{\underline{a}}$. Nach Voraussetzung ist λ regulär und dominant, i.e. $(\lambda,\alpha) > 0$ für alle $\alpha \in \Delta$, und $\tilde{\lambda}$ ist regulär dominant dann und nur dann wenn λ regulär dominant ist. Es folgt, daß Λ_o Element von $(\underline{a}^*_{\mathbb{C}})^+$ ist.

5.3. Wir betrachten nun den Fall der über $\mathbb{Q}$-zerfallenden algebraischen $\mathbb{Q}$-Gruppe $\underline{G} = SL_n/\mathbb{Q}$. Sei P_o die minimal parabolische $\mathbb{Q}$-Untergruppe von $G = \underline{G}(\mathbb{R})$ der oberen Dreiecksmatrizen, und T_o der Torus der Diagonalmatrizen. Ein Element von T_o werde mit $\mathrm{diag}(t_i)$ bezeichnet. Dann ist $A_o = \{\mathrm{diag}(t_i) \in T_o \mid t_i > 0\}$ die bezüglich Θ_K stabile zerfallende Komponente, wobei als maximal kompakte Gruppe $K = SO(n)$ gewählt wurde. Setze $\Phi = \Phi(\underline{g}_{\mathbb{C}}, \underline{a}_{o_{\mathbb{C}}})$ und bezeichne mit Δ (resp. Φ^+) die Menge der einfachen (resp. positiven) Wurzeln bezüglich der gewählten Ordnung, i.e. $\Delta = \{\alpha_i \mid i = 1,\ldots,n-1\}$, wobei α_i die Abbildung t_i/t_{i+1} auf T_o ist. Die Weylgruppe W von $\underline{g}_{\mathbb{C}}$ bzgl. $\underline{a}_{o_{\mathbb{C}}}$ wird von den einfachen Reflektionen w_i , die zu α_i gehören, erzeugt. Da $\underline{G}$ über $\mathbb{Q}$ zerfällt, können (und werden) wir Φ und $\Phi_{\mathbb{R}}$ identifizieren.

5.4. SATZ. Sei P eine minimal parabolische $\mathbb{Q}$-Untergruppe von $SL_n(\mathbb{R})$, und bezeichne mit $cd(\Gamma) = \frac{n(n-1)}{2}$ die kohomologische Dimension einer torsionsfreien arithmetischen Untergruppe Γ von $SL_n(\mathbb{Q})$. Ist das höchste Gewicht $\lambda \in \underline{a}^*_{o\mathbb{C}}$ von (τ, E_λ) regulär, so ist die natürliche Restriktion

$$r_P^{cd(\Gamma)} : H^{cd(\Gamma)}(\Gamma\backslash\overline{X}; E_\lambda) \longrightarrow H^{cd(\Gamma)}(e'(P), E_\lambda)$$

surjektiv, und die Zuordnung der Eisensteinkohomologieklasse $[E(\phi,\Lambda_o)]$ zu $[\phi] \in H^{cd(\Gamma)}(e'(P),E_\lambda)$ liefert einen Schnitt von $r_P^{cd(\Gamma)}$.

Wir nehmen ohne Einschränkung der Allgemeinheit $P = P_o$ an. Da $e'(P_o) = \Gamma \cap N_o\backslash N_o$ kompakt ist, gilt $H^*_{cusp}(e'(P_o),E_\lambda) = H^*(e'(P_o),E_\lambda)$, und man hat

$$(1) \qquad H^{cd(\Gamma)}(e'(P),E_\lambda) = H^{cd(\Gamma)}(\underline{n}_o,E_\lambda) = F_{w_G(\lambda+\rho)-\rho} ,$$

da das längste Element in $W^{P_o} = W$ w_G ist, und es die Länge $\ell(w_G) = \dim N_o = \frac{n(n-1)}{2} = cd(\Gamma)$ hat. Nach 5.2. ist dann die zu einer Klasse $[\phi] \in H^{cd(\Gamma)}(e'(P_o),E_\lambda)$ assoziierte Eisensteinreihe $E(\phi,\Lambda)$ holomorph in $\Lambda_o = -w_G(\lambda+\rho)$, da λ nach Voraussetzung regulär dominant ist, und $[E(\phi,\Lambda_o)]$ ist eine nicht-triviale Kohomologieklasse in $H^{cd(\Gamma)}(\Gamma\backslash X;E_\lambda)$. Wir zeigen nun

$$r_{P_o}^{cd(\Gamma)}[E(\phi,\Lambda_o)] = [\phi] .$$

Wegen 4.11.(3) gilt

$$r_{P_o}^{cd(\Gamma)}[E(\phi,\Lambda_o)] = \sum_{s \in W(A_{P_o})} [\underline{c}(s,\Lambda_o)_{s\Lambda_o}(\phi_{\Lambda_o})]|e'(P_o) .$$

Nun ist aber $W(A_{P_o}) = W$ im Falle $G = SL_n(\mathbb{R})$, und $[\underline{c}(s,\Lambda_o)_{s\Lambda_o}(\phi_{\Lambda_o})]|e'(P_o)$ ist eine Klasse vom Grad $cd(\Gamma)$, die Gewicht $sw_G(\lambda+\rho)-\rho$ hat (cf. 4.10.(11), (14)). Für $s \neq 1$ ist $sw_G(\lambda+\rho)-\rho$ stets von $w_G(\lambda+\rho)-\rho$ verschieden, und $\ell(sw_G) < \ell(w_G) = cd(\Gamma)$. Es folgt mit (1)

$$[\underline{\underline{c}}(s,\Lambda_o)_{s\Lambda_o}(\phi_{\Lambda_o})]|_{e'(P_o)} = 0 \quad \text{für} \quad s \neq 1 \text{ , } s \in W(A_{P_o}) \text{ .}$$

Deshalb hat man nach 4.11. $r_{P_o}^{cd(\Gamma)}[E(\phi,\Lambda_o)] = [\phi_{\Lambda_o}]|_{e'(P_o)} = [\phi]$.

<u>Bemerkungen</u>: (1) Der Kern des Arguments in 5.4. liegt darin zu zeigen, daß die Klasse $[\underline{\underline{c}}(s,\Lambda_o)_{s\Lambda_o}(\phi_{\Lambda_o})]|_{e'(P_o)}$ für $s \neq 1$ ein Gewicht bezüglich der Aktion von A_{P_o} hat, das in dem Grad, den diese Klasse hat, in der Kohomologie $H^*(e'(P_o),E_\lambda)$ nicht vorkommt. Solche Schlußfolgerungen lassen sich in viel allgemeineren Situationen als der betrachteten durchführen. Für ein Beispiel siehe den Beweis von 8.2.(3).

(2) Unter der Voraussetzung des Satzes, daß λ regulär dominant ist, läßt sich sogar zeigen, daß

$$r_{\{P_o\}}^{cd(\Gamma)} : H^{cd(\Gamma)}(\Gamma\backslash X,E_\lambda) \longrightarrow \bigoplus_{\substack{P \in \Gamma\backslash \underline{\underline{P}} \\ P \in \{P_o\}}} H^{cd(\Gamma)}(e'(P),E_\lambda)$$

surjektiv ist. (cf. [50]).

<u>5.5.</u> Wir geben im Falle $\underline{G} = SL_n/\mathbb{Q}$ nun noch eine andere Situation an, in der man ohne Mühe nicht-triviale Kohomologieklassen mittels Eisensteinreihen konstruieren kann. Sei Q eine standard maximal parabolische $\mathbb{Q}$-Untergruppe von $SL_n(\mathbb{R})$. Die Konjugationsklassen von parabolischen $\mathbb{Q}$-Untergruppen sind durch die Teilmengen von Δ parametrisiert, und Q korrespondiert zu einer Teilmenge der Form $\Delta - \{\alpha_j\}$ für ein $\alpha_j \in \Delta$. Setzt man

$$(1) \qquad T_{\Delta-\{\alpha_j\}} = \Big(\bigcap_{\substack{\alpha_i \in \Delta \\ i \neq j}} \operatorname{Ker} \alpha_i \Big)^o ,$$

so hat man

(2) $\qquad Q = P_{\Delta-\{\alpha_j\}} = Z(T_{\Delta-\{\alpha_j\}}) \cdot U_Q \;.$

Weiterhin gilt in der Notation von 1.7. $\Delta_M = \{\alpha_i \in \Delta \mid \alpha_i \neq \alpha_j\}$; man hat $w_j^{-1}(\Delta_M) \subset \Phi^+$, da w_j die positiven Wurzeln außer α_j permutiert, und deshalb

(3) $\qquad w_j \in W^Q = W^{P_{\Delta-\{\alpha_j\}}} \;.$

5.6. SATZ. Sei $Q = P_{\Delta-\{\alpha_j\}}$ eine standard maximal parabolische $\mathbb{Q}$-Untergruppe von $SL_n(\mathbb{R})$. Sei $[\phi] \in H^q_{cusp}(e'(Q),E_\lambda)$ eine nicht-triviale Klasse vom Typ (π,w_j) $(\pi \in {}^o\hat{M})$ repräsentiert durch eine Spitzenform $\phi \in \Omega^{q-1}(\Gamma_M \backslash Z_M, H^1(\underline{n},E_\lambda))$. Ist das höchste Gewicht λ von (τ,E_λ) regulär, so ist die zu $[\phi]$ assoziierte Eisensteinreihe $E(\phi,\Lambda)$ holomorph in $\Lambda_o = -w_j(\lambda+\rho)|_{\underline{a}}$, und $[E(\phi,\Lambda_o)] \in H^q(\Gamma \backslash X_i E_\lambda)$ ist eine nicht-triviale Klasse, die durch die geschlossene harmonische Form $E(\phi,\Lambda_o)$ repräsentiert wird.

Das Argument verläuft ähnlich wie in 5.1. Man hat $\Delta(P_{\Delta-\{\alpha_j\}},A) = \{\alpha_j\}$ und $\Lambda_o = -w_j(\lambda+\rho)|_{\underline{a}}$ ist reellwertig. Dann gilt

$$\begin{aligned}(\Lambda_o,\alpha_j) &= (-w_j(\lambda+\rho)|_{\underline{a}},\alpha_j)\\ &= (-(\lambda+\rho),w_j(\alpha_j))\\ &= (\lambda,\alpha_j) + (\rho,\alpha_j) \;,\end{aligned}$$

und wir haben $\Lambda_o \in (\underline{a}^*_{\mathbb{C}})^+$, da λ nach Voraussetzung regulär und dominant (cf. 2.4.(2)) ist. Die Eisensteinreihe $E(\phi,\Lambda)$ wird deshalb in Λ_o innerhalb des Bereiches der absoluten Konvergenz der definierenden Reihe ausgewertet. Die restlichen Behauptungen folgen aus 4.11.

<u>Bemerkung</u>: Dieser Satz wird angewendet in 8.5.

5.7. Sei $\underline{G}$ wie zu Beginn dieses Paragraphen. Wir weisen auf eine weitere Situation hin, in der die Annahme von Theorem 4.11. erfüllt ist. Sie wurde zuerst von Harder im Falle von $\mathbb{Q}$-Rang 1 Gruppen bemerkt ([26], S. 156) und dann von Borel allgemein formuliert (cf. [14], 2.12, 2.13). Ist nämlich $[\phi] \in H^*_{cusp}(e'(P),E_\lambda)$ eine Klasse vom Typ (π,w), $\pi \in {}^o\hat{M}$, $w \in W^P$, und gilt zusätzlich

$$(1) \qquad \Lambda_o = -w(\rho+\lambda)|_{\underline{a}} = 0 ,$$

so ist $E(\phi,\Lambda)$ holomorph in Λ_o, da dieser Wert auf der imaginären "Achse" $i\underline{a}^*$ liegt (cf. [1], p. 256). Insbesondere impliziert die Bedingung (1), daß die Dimension des unipotenten Radikals von P gerade ist und $\ell(w) = (1/2)\cdot \dim N$ gilt. Diese Situation tritt z. B. auf, wenn man $\underline{G} = R_{k/\mathbb{Q}}(SL_2)$ betrachtet, wobei k ein imaginär quadratischer Zahlkörper ist (cf. [27]). Siehe auch 8.4. im Falle $SL_3/\mathbb{Q}$.

§ 6 Nicht-Unitarisierbarkeit von Langlands-Quotienten und Holomorphieaussagen für Eisensteinreihen

Wie schon in 5.1. ausführlich erläutert wurde, ist es das Ziel dieses Paragraphen, mittels darstellungstheoretischer Ergebnisse Holomorphieaussagen für Eisensteinreihen $E(\phi,\Lambda)$ zu gewinnen, die nur von einem eindimensionalen komplexen Parameter Λ abhängen. Die Frage der Unitarisierbarkeit von Langlands-Quotienten spielt dabei eine wichtige Rolle.

Wie bisher bezeichnet $G = \underline{G}(\mathbb{R})$ die Gruppe der reellen Punkte einer zusammenhängenden reduktiven $\mathbb{Q}$-Gruppe $\underline{G}$, die keinen nicht-trivialen Charakter über $\mathbb{Q}$ besitzt, und für die $\mathrm{Rang}_{\mathbb{Q}}\, \underline{G} > 0$ gilt.

6.1. Langlandsklassifikation. Wir beschreiben nun kurz die Klassifikation nach Langlands der irreduziblen zulässigen Darstellungen von G bis auf infinitesimale Äquivalenz. Um nicht noch mehr Notation einführen zu müssen, verzichten wir darauf, das allgemein für eine reell reduktive Gruppe im Sinne von [20], O, § 3 zu formulieren. Für eine umfassende Darstellung siehe [39] resp. [20], IV.

Man erinnere zuerst die folgenden, schon vorher benutzten Tatsachen: Ist (ψ,V) ein stetiger G-Modul, dann ist der Raum V^{∞} der C^{∞}-Vektoren in V stabil unter G, und ψ definiert eine Darstellung der Liealgebra $\underline{g}$ von G in V^{∞}, die wieder mit ψ bezeichnet werde. Den Raum der K-endlichen Vektoren in V bezeichnen wir mit $V_{(K)}$; dies ist ein halbeinfacher K-Modul, und (ψ,V) heißt zulässig, wenn die isotypischen Unterräume in V bezüglich K alle endlich-dimensional sind. Ist ein isotypischer Unterraum von V bezüglich K endlich-dimensional, so ist er in V^{∞} enthalten. Man hat deshalb für einen irreduziblen zulässigen Modul (ψ,V) $V^{\infty} \cap V_{(K)} = V_{(K)}$, dieser Raum ist stabil unter $\underline{g}$, und man erhält so in natürlicher Weise einen irreduziblen zulässigen $(\underline{g},K)$-Modul (zur

Definition vgl. 1.2.). Er ist unitär, wenn (ψ,V) es ist. Umgekehrt kann jeder irreduzible zulässige $(\underline{g},K)$-Modul realisiert werden als der Raum der K-endlichen Vektoren in einer irreduziblen zulässigen differenzierbaren Darstellung von G [42]. Zwei zulässige differenzierbare Darstellungen von G heißen <u>infinitesimal äquivalent</u>, wenn die zugehörigen $(\underline{g},K)$-Moduln der K-endlichen Vektoren isomorphe $(\underline{g},K)$-Moduln sind.

Wir wählen ein minimal parabolisches Paar (P_o,A_o) der reellen Liegruppe G aus, wobei A_o die Θ_K-stabile zerfallende Komponente von P_o bezeichnet. Sei (P,A) ein standard parabolisches Paar in G mit der standard Levizerlegung $P = MN$, wobei $M = Z_G(A)$. Sei (σ,H_σ) eine irreduzible temperierte Darstellung von ${}^oM$ (cf. zur Definition [20], IV, 3.6.), und sei $\nu \in \underline{a}^*_{\mathbb{C}}$ ein komplexwertiges lineares Funktional, so daß $\mathrm{Re}(\nu,\alpha) > 0$ für $\alpha \in \Delta(P,A)$. Für diese gegebenen Daten ist die induzierte Darstellung $(i_{P,\sigma,\nu},\mathrm{Ind}_{P,\sigma,\nu})$ von G definiert und sie besitzt einen eindeutig bestimmten irreduziblen Quotienten $J(P,\sigma,\nu) \neq 0$, der (bis auf infinitesimale Äquivalenz) gegeben ist als das Bild eines expliziten Verkettungsoperators von $(\underline{g},K)$-Moduln, angewandt auf $\mathrm{Ind}_{P,\sigma,\nu}$ (cf. [39] resp. [20], IV, 4.3. - 4.6.). Wir beziehen uns auf die zugehörigen Daten (P,σ,ν), mit den gemachten Beschränkungen als die <u>Langlands-Parameter</u>, und $J(P,\sigma,\nu)$ wird der Langlands-Quotient oder die <u>Langlands-Darstellung</u> genannt.

Die Langlandsklassifikation besagt nun, daß diese Quotienten $J(P,\sigma,\nu)$ alle irreduziblen zulässigen Darstellungen von G bis auf infinitesimale Äquivalenz ausschöpfen, i.e.: Ist (ψ,V_ψ) eine irreduzible zulässige Darstellung von G, dann existiert ein eindeutig bestimmtes Tripel (P,σ,ν) von Langlands-Parametern mit P eine standard parabolische Untergruppe von G, σ eine irreduzible temperierte Darstellung (bis auf Äquivalenz bestimmt) von ${}^oM$, $\nu \in \underline{a}^*_{\mathbb{C}}$ mit $\mathrm{Re}(\nu,\alpha) > 0$, $\alpha \in \Delta(P,A)$, so daß

$(\psi, V_{\psi,(K)})$ äquivalent zu $J(P,\sigma,\nu)$ ist (cf. [39] resp. [20], IV, 4.11.).

Wir weisen darauf hin, daß die triviale Darstellung von G innerhalb der Langlandsklassifikation zu dem Tripel $(P_o, \tau_o, \rho_{P_o})$ korrespondiert, wobei τ_o die triviale Darstellung von ^oM bezeichnet.

<u>6.2.</u> <u>Notwendige Kriterien für die Unitarisierbarkeit von Langlands-Quotienten</u>. Das Problem der Klassifikation der irreduziblen <u>unitären</u> (und damit auch zulässigen (cf. [31])) Darstellungen von G ist bisher ungelöst. Man kann jedoch einige notwendige Kriterien für die Unitarisierbarkeit einer irreduziblen zulässigen Darstellung von G im Rahmen der Langlandsklassifikation angeben. Wir werden diese Kriterien später dazu verwenden, um zu entscheiden, ob gewisse Eisensteinreihen $E(\phi,\Lambda)$ holomorph an speziellen Stellen Λ_o sind oder nicht.

Wir nehmen nun an, daß die Gruppe $G = \underline{G}(\mathbb{R})$ der reellen Punkte von $\underline{G}$ als reelle Liegruppe zusammenhängend und halbeinfach ist. Da wir nur unsere erwähnte Anwendung im Blick haben, formulieren wir das erste Kriterium nicht in seiner strengsten Form.

(1) ([33], Thm. 7, S. 147) Wenn der zu einem gegebenen Tripel (P,σ,ν) von Langlands-Parametern gehörende Langlandsquotient $J(P,\sigma,\nu)$ von dem Raum der K-endlichen Vektoren einer irreduziblen <u>unitären</u> Darstellung von G herkommt, dann müssen die Parameter die folgende Symmetriebedingung erfüllen: Es existiert ein v aus K, das A normalisiert, mit $vPv^{-1} = \overline{P}$, ${}^{v}(\sigma) \cong \sigma$ und $v(\nu) = -\overline{\nu}$, wobei $\overline{P}$ die zu P opponierende parabolische Untergruppe von G bezeichnet und ${}^{v}(\ )$ resp. $v(\ )$ die durch v auf $^o\hat{M}$ resp. $\underline{a}^*_{\mathbb{C}}$ induzierte Aktion von v.

Wenn man zusätzlich die Positiv- oder Negativ-Definitheit eines gewissen Hermite'schen Verkettungsoperators fordert, so gilt in (1) sogar die Äquivalenz (cf. [33]). Wir verzichten an dieser Stelle jedoch auf die genaue Formulierung.

Das zweite Kriterium stammt wohl ([65]) von N. Wallach und findet sich mitenthalten im Theorem 5.2., IV in [20]. Wir setzen voraus, daß $G = \underline{G}(\mathbb{R})$ als reelle Liegruppe zusammenhängend und einfach ist.

(2) Sei $J(P,\sigma,\nu)$ der zu den gegebenen Langlands-Parametern (P,σ,ν) gehörende Langlands-Quotient. Wenn eine nicht-triviale irreduzible unitäre Darstellung (ψ,V_ψ) von G existiert, so daß $J(P,\sigma,\nu)$ isomorph zu dem $(\underline{g},K)$-Modul der K-endlichen Vektoren in V_ψ ist, dann gilt

$$(\rho_P - \mathrm{Re}\,\nu)(a) > 0$$

für alle $a \in C\ell(\underline{a}^+) = \{a \in \underline{a} \mid \beta(a) \geq 0 \ , \ \beta \in \Sigma(P,A)\} \ , \ a \neq 0$.

6.3. Residuen von Eisensteinreihen, die von einem komplexen Parameter abhängen. Sei P eine parabolische $\mathbb{Q}$-Untergruppe von $G = \underline{G}(R)$ mit zerfallender Komponente $A = A_P$. Wir setzen voraus, daß $\mathrm{prk}(P) = 1$, i.e. $\dim A = 1$, gilt. Wir können deshalb $\underline{a}^*_{\mathbb{C}}$ in natürlicher Weise (durch die Forderung $\rho_P = 1$) mit den komplexen Zahlen $\mathbb{C}$ identifizieren. Sei f aus $C^\infty(\Gamma_P AN\backslash G)$ eine K-endliche Funktion, so daß für jedes $g \in G$ die Funktion $m \mapsto f(mg)$, $m \in {}^oM$, eine cuspidale automorphe Form auf ${}^oM$ für Γ_M ist. In Abhängigkeit von dem komplexen Parameter $\Lambda \in \underline{a}^*_{\mathbb{C}}$ hatten wir in 4.1. f die Eisensteinreihe $E(f,\Lambda) \in \underline{A}(\Gamma,G)$ zugeordnet, die holomorph in dem Bereich

$$(1) \qquad \{\Lambda \in \underline{a}^*_{\mathbb{C}} \mid \mathrm{Re}\,\Lambda \in \rho_P + (\underline{a}^*)^+\}$$

ist und als meromorphe Funktion auf ganz $\underline{a}^*_{\mathbb{C}}$ definiert ist. Wegen der Definition 4.1.(2) von $(\underline{a}^*)^+$ können wir (1) umformulieren zu

$$(2) \qquad \{\Lambda \in \underline{a}^*_{\mathbb{C}} \mid (\mathrm{Re}\,\Lambda,\alpha) > (\rho_P,\alpha) \ , \ \alpha \in \Delta(P,A)\} \ ,$$

wobei α die einfache Wurzel von (P,A) bezeichnet. Man hat nun die folgenden allgemeinen Informationen über mögliche Pole von $E(f,\Lambda)$ (cf. [29], IV, § 7, Theorem 7 resp. Lemmata 98, 99):

(3) $E(f,\Lambda)$ hat eine endliche Anzahl von einfachen Polen in dem 'reellen Intervall'

$$\{\Lambda \in \underline{a}^*_{\mathbb{C}} \mid \operatorname{Im} \Lambda = 0 \ , \ (\rho_P,\alpha) \geq (\operatorname{Re} \Lambda,\alpha) > 0 \ , \ \alpha \in \Delta(P,A)\}$$

und die anderen möglichen Pole von $E(f,\Lambda)$ liegen in dem Bereich $\{\Lambda \in \underline{a}^*_{\mathbb{C}} \mid (\operatorname{Re} \Lambda,\alpha) < 0 \ , \ \alpha \in \Delta(P,A)\}$.

Wir nehmen nun an, daß $E(f,\Lambda)$ an der speziellen Stelle $\Lambda_o \in \underline{a}^*_{\mathbb{C}}$ einen Pol der Ordnung eins hat. Wir bezeichnen dann das Residuum von $E(f,\Lambda)$ an der Stelle Λ_o mit

(4) $$\operatorname{Res}_{\Lambda_o} E(f,\Lambda) = \lim_{\Lambda \to \Lambda_o} (\Lambda - \Lambda_o)\, E(f,\Lambda) \quad .$$

Setze $P(\underline{a}^*_{\mathbb{C}}) = \{\Lambda \in \underline{a}^*_{\mathbb{C}} \mid (\operatorname{Re} \Lambda,\alpha) > 0, \alpha \in \Delta(P,A)\}$. Es folgt aus der Skalarproduktformel ([29], IV, § 8), daß $\operatorname{Res}_{\Lambda_o} E(f,\Lambda_o)$ quadratintegrierbar ist, falls $\Lambda_o \in P(\underline{a}^*_{\mathbb{C}})$.

Wir interpretieren die Bildung des Residuums nun im Rahmen induzierter Darstellungen (cf. 4.2.). Sei (σ,H_σ) eine irreduzible unitäre Darstellung von ${}^oM$, die als Komponente in der direkten Hilbertsummenzerlegung des cuspidalen Spektrums $L^2_o(\Gamma_M \backslash {}^oM)$ vorkommt. Die Eisensteinsummation, die einem K-endlichen Vektor f in $I_{P,\sigma,\Lambda}$ die Eisensteinreihe $E(f,\Lambda)$ zuordnet, konnte dann als $(\underline{g},K)$-Modulhomomorphismus

(5) $$E(\ ,\Lambda) \ : \ I_{P,\sigma,\Lambda,(K)} \longrightarrow \underline{A}(\Gamma,G)$$

gesehen werden. Hat $E(f,\Lambda)$ nun einen einfachen Pol an der Stelle Λ_o , so liefert uns die Bildung des Residuums an der Stelle Λ_o offenbar einen $(\underline{g},K)$-Modulhomomorphismus

(6) $$\operatorname{Res}_{\Lambda_o} E(\ ,\Lambda) \ : \ I_{P,\sigma,\Lambda_o,(K)} \longrightarrow \underline{A}(\Gamma,G) \ ,$$

dessen Bild sogar aus quadratintegrierbaren Funktionen auf $\Gamma\backslash G$ besteht, falls $\Lambda_o \in P(\underline{a}^*_{\mathbb{C}})$. Dies erlaubt die darstellungstheoretische Folgerung:

(7) Existiert ein f aus $I_{P,\sigma,\Lambda_o,(K)}$, so daß $E(f,\Lambda)$ einen einfachen Pol an der Stelle Λ_o hat, so besitzt der $(\underline{g},K)$-Modul $I_{P,\sigma,\Lambda_o,(K)}$ einen <u>unitären</u> Unterquotienten, falls $\Lambda_o \in P(\underline{a}^*_{\mathbb{C}})$.

Wir übertragen diese Betrachtungen nun auf Eisensteinformen $E(\phi,\Lambda)$. Es sei eine isotypische Komponente V_π , $\pi \in {}^o\hat{M}$, in $L^2_o(\Gamma_M\backslash {}^oM)$ fest gewählt. Sei $\phi \in \Omega^*(e'(P),E_\lambda)$ eine harmonische, quadratintegrierbare Differentialform, so daß für die Koeffizientenfunktionen $f_J \in C^\infty(\Gamma_P AN\backslash G)$ in der Darstellung 4.3.(1) gilt, daß die Funktion $m \mapsto f_J(mx)$ für jedes $x \in G$ und jedes J eine E_λ-wertige automorphe Form in $V_\pi \otimes E_\lambda \subset L^2_o(\Gamma_M\backslash {}^oM) \otimes E_\lambda$ ist. Für die der Differentialform ϕ in Abhängigkeit von dem komplexen Parameter $\Lambda \in \underline{a}^*_{\mathbb{C}}$ zugeordnete Eisensteinreihe $E(\phi,\Lambda)$ gelten dann zu (3) analoge Aussagen über die möglichen Pole. Hat $E(\phi,\Lambda)$ an der speziellen Stelle $\Lambda_o \in \underline{a}^*_{\mathbb{C}}$ einen Pol erster Ordnung, so bezeichnen wir das Residuum mit

(8) $$\operatorname{Res}_{\Lambda_o} E(\phi,\Lambda_o) \ = \ \lim_{\Lambda\to\Lambda_o}(\Lambda - \Lambda_o)\, E(\phi,\Lambda) \ ,$$

und dies ist eine Γ-invariante, E_λ-wertige Differentialform auf X . Betrachtet man dies alles nun im Rahmen relativer Liealgebrenkomplexe via der üblichen Identifikation von $\Omega^*(\Gamma,X;E_\lambda)$ mit $D^*(\underline{g},K,C^\infty(\Gamma\backslash G) \otimes E_\lambda)$, so ist die Zuordnung des Residuums $\operatorname{Res}_{\Lambda_o} E(\phi,\Lambda)$ im Punkte Λ_o zu der Form ϕ_{Λ_o} gerade der Morphismus relativer Liealgebrakomplexe

$$D^*(\underline{g},K;I_{P,\pi,\Lambda_o,(K)} \otimes E_\lambda) \ \to D^*(\underline{g},K;\underline{A}(\Gamma,G) \otimes E_\lambda) \ ,$$

der durch den $(\underline{g},K)$-Modulhomomorphismus (6)

$$\mathrm{Res}_{\Lambda_o} E(\ ,\Lambda) \ :\ I_{P,\pi,\Lambda_o,(K)} \rightarrow \underline{A}(\Gamma,G)$$

induziert ist. Analog zu (7) haben wir deshalb die folgende Beobachtung:

(9) Hat die zu gegebener Differentialform $\phi \in \Omega^*(e'(P),E_\lambda)$ wie oben (i.e. sie korrespondiert, grob gesagt, zu einer isotypischen Kompontente V_π in $L_o^2(\Gamma_M\backslash {}^oM)$) assoziierte Eisensteinreihe $E(\phi,\Lambda)$ einen Pol erster Ordnung an der Stelle $\Lambda_o \in P(\underline{a}^*_{\mathbb{C}})$, so besitzt der $(\underline{g},K)$-Modul $I_{P,\pi,\Lambda_o,(K)}$ einen unitären Unterquotienten.

Verknüpft man jetzt diese letzte Beobachtung (9) mit den Kriterien zur Unitarisierbarkeit von Langlands-Quotienten in 6.2., so erhält man Aussagen über das Verhalten von $E(\phi,\Lambda)$ als meromorphe Funktion im Bereich $\{\Lambda \in \underline{a}^*_{\mathbb{C}} \mid (\mathrm{Re}\,\Lambda,\alpha) > 0\ ,\ \alpha \in \Delta(P,A)\}$. Wir formulieren dies in dem etwas technischen Resultat

6.4. THEOREM. Die Gruppe $G = \underline{G}(\mathbb{R})$ der reellen Punkte von G sei einfach und zusammenhängend als reelle Liegruppe. Es sei P eine parabolische $\mathbb{Q}$-Untergruppe von G , mit 1-dimensionaler zerfallender Komponente $A_P = A$. Sei $\phi \in \Omega^*(e'(P),E_\lambda)$ eine harmonische, quadratintegrierbare Differentialform, so daß für die Koeffizientenfunktionen $f_J \in C^\infty(\Gamma_P AN\backslash G)$ in der Darstellung 4.3.(1) gilt, daß die Funktionen $m \mapsto f_J(mx)$ für jedes $x \in G$ und jedes J eine E_λ-wertige cuspidale Form in $V_\pi \otimes E_\lambda \subset L_o^2(\Gamma_M\backslash {}^oM) \otimes E_\lambda$ sind, wobei $V_\pi \subset L_o^2(\Gamma_M\backslash {}^oM)$ die zu einer fest gewählten temperierten Darstellung $\pi \in {}^o\hat{M}$ gehörende isotypische Komponente bezeichnet. Dann gilt:

(1) Die ϕ zugeordnete Eisensteinreihe $E(\phi,\Lambda)$ ist holomorph in jedem Punkte Λ_o des Bereichs $\{\Lambda \in \underline{a}^*_{\mathbb{C}} \mid (\mathrm{Re}\,\Lambda,\alpha) > 0\ ,\ \alpha \in \Delta(P,A)\}$, falls es kein $v \in K$, das A normalisiert, gibt mit $vPv^{-1} = \bar{P}$, ${}^v(\pi) \cong \pi$ und $v(\Lambda_o) = -\bar{\Lambda}_o$.

(2) Ist nicht gleichzeitig P minimal parabolische Untergruppe von G und π die triviale Darstellung von ${}^{o}M$, so ist die ϕ zugeordnete Eisensteinreihe $E(\phi,\Lambda)$ holomorph in jedem Punkte $\Lambda_o \in \underline{a}^*_{\mathbb{C}}$ mit $(\mathrm{Re}\,\Lambda_o,\alpha) \geq (\rho_P,\alpha)$ $(\alpha \in \Delta(P,A))$.

ad(1): Wir nehmen an, daß die ϕ zugeordnete Eisensteinreihe $E(\phi,\Lambda)$ einen Pol an der Stelle Λ_o mit $(\mathrm{Re}\,\Lambda_o,\alpha) > 0$, $\alpha \in \Delta(P,A)$, hat. Wegen der Beobachtung 6.3.(9) muß deshalb der $(\underline{g},K)$-Modul $I_{P,\pi,\Lambda_o,(K)}$ einen unitären Unterquotienten U besitzen. Andererseits ist für diese Parameter (P,π,Λ_o) (wir können ohne Einschränkung der Allgemeinheit P als standard voraussetzen) der Langlands-Quotient $J(P,\pi,\Lambda_o)$ definiert. Als eindeutig bestimmter irreduzibler Quotient (ungleich Null) von $I_{P,\pi,\Lambda_o,(K)}$ ist $J(P,\pi,\Lambda_o)$ deshalb auch Unterquotient von U und damit auch unitär. Da die Daten (P,π,Λ_o) jedoch nach Voraussetzung nicht den Symmetriebedingungen 6.2.(1) genügen, kann $J(P,\pi,\Lambda_o)$ nicht unitär sein; also hat $E(\phi,\Lambda)$ keinen Pol an der Stelle Λ_o, ist folglich holomorph dort.

ad(2): Die Argumentation verläuft ähnlich wie zu (1). Wir nehmen an, daß $E(\phi,\Lambda)$ einen Pol an der Stelle Λ_o mit $(\mathrm{Re}\,\Lambda_o,\alpha) \geq (\rho_P,\alpha)$ $(\alpha \in \Delta(P,A))$ hat. Es folgt wie eben, daß der Langlands-Quotient $J(P,\pi,\Lambda_o)$ unitär sein muß. Man beachte, daß nach Voraussetzung $J(P,\pi,\Lambda_o)$ nicht die triviale Darstellung $\mathbb{C}$ von G ist (cf. 6.1.). Nach dem Kriterium 6.2.(2) gilt deshalb $\rho_P(a) > \mathrm{Re}\,\Lambda_o(a)$ für alle $a \in C\ell(\underline{a}^+)$, $a \neq 0$. Dies widerspricht jedoch der Bedingung $(\mathrm{Re}\,\Lambda_o,\alpha) - (\rho_P,\alpha) \geq 0$ an Λ_o. Es folgt, daß $E(\phi,\Lambda)$ holomorph an der Stelle Λ_o ist.

Bemerkungen: (1) In (2) sind im Grunde nur die Λ_o von Interesse, für die $\mathrm{Re}\,\Lambda_o = \rho_P$ gilt. Die $\Lambda_o \in \underline{a}^*_{\mathbb{C}}$ mit $(\mathrm{Re}\,\Lambda_o,\alpha) > (\rho_P,\alpha)$ liegen bereits im Bereich der absoluten Konvergenz der $E(\phi,\Lambda)$ definierenden Reihe.

(2) Das Ergebnis 6.4.(1) ist schärfer als (2), schließt jedoch möglicherweise einige interessante Situationen aus (im Falle, daß P zu seiner opponierenden $\overline{P}$ konjugiert ist), die mit (2) behandelt werden können.

(3) Betrachtet man zum Beispiel den Fall einer reduktiven $\mathbb{Q}$-Gruppe $\underline{G}$ mit $\mathrm{rk}_{\mathbb{R}}\underline{G}(\mathbb{R}) = 1$, so lassen sich mittels wesentlich schärferer Ergebnisse über die Unitarisierbarkeit von Langlands-Quotienten sehr viel weitergehende Resultate über das Holomorphieverhalten von $E(\phi,\Lambda)$ im Bereich der positiven Weylkammer erhalten. Dies bleibt einer anderen Arbeit vorbehalten.

(4) Die Voraussetzung der Temperiertheit von π bedeutet eine Einschränkung, da es durchaus cuspidale Kohomologieklassen in $H^*_{cusp}(e'(P),E_\lambda)$ geben kann, die zu nicht-temperierten Darstellungen im cuspidalen Spektrum $L^2_{cusp}(\Gamma_M\backslash{}^{o}M)$ korrespondieren (cf. [62]).

6.5. Wir geben nun einige Beispiele, in denen 6.4. erfolgreich angewandt werden kann. Der technischen Einfachheit halber und im Blick auf den Teil II dieser Arbeit beschränken wir uns dabei auf den Fall der über $\mathbb{Q}$-zerfallenden algebraischen $\mathbb{Q}$-Gruppe $\underline{G} = SL_n/\mathbb{Q}$. Wir nehmen die in 5.2. fixierte Notation auf.

Ist P eine maximal parabolische $\mathbb{Q}$-Untergruppe von $G = SL_n(\mathbb{R})$, so hat die zerfallende Θ-stabile Komponente A_P die Dimension 1 . Weiterhin gilt, daß P <u>nicht</u> konjugiert ist zu der opponierenden parabolischen $\mathbb{Q}$-Untergruppe $\overline{P}$ von G außer in dem Fall, daß $n = 2m$ ist und P zu der standard parabolischen $\mathbb{Q}$-Untergruppe $P_{\Delta-\{\alpha_m\}}$ konjugiert ist. Deshalb ist die Symmetriebedingung in 6.4.(1) außer in dem eben erwähnten Ausnahmefall schon stets verletzt, und man erhält so leicht Holomorphieaussagen für Eisensteinreihen in bestimmten Bereichen. Wir sind jedoch mehr an der Konstruktion von Eisenstein-Kohomologieklassen interessiert und beschränken uns deshalb auf die Formulierung dafür relevanter Fälle.

6.6. KOROLLAR. Sei $Q = P_{\Delta-\{\alpha_j\}}$ eine standard maximal parabolische $\mathbb{Q}$-Untergruppe von $SL_n(\mathbb{R})$, $n > 2$. Sei $[\phi] \neq 0$ aus $H^q_{cusp}(e'(Q),E_\lambda)$ eine cuspidale Klasse vom Typ (π,w_Q), wobei $\pi \in {}^o\hat{M}$ eine irreduzible temperierte Darstellung ist und $w_Q \in W^Q$ das längste Element bezeichnet. Dann ist die der harmonischen Spitzenform ϕ zugeordnete Eisensteinreihe $E(\phi,\Lambda)$ holomorph in $\Lambda_o = -w_Q(\lambda+\rho)|_{\underline{a}}$, und $[E(\phi,\Lambda_o)]$ ist eine nicht-triviale Klasse in $H^q(\Gamma,X;E_\lambda)$, die durch die geschlossene, harmonische Differentialform $E(\phi,\Lambda_o)$ repräsentiert wird.

Wie im Beweis von 5.1. gilt $\Lambda_o = -w_P(\lambda+\rho)|_{\underline{a}} = \tilde{\lambda} + \rho|_{\underline{a}}$, wobei $\tilde{\lambda}$ das höchste Gewicht der zu E_λ kontragradienten Darstellung ist, und $\tilde{\lambda}$ ist dominant, da λ dominant ist. Deshalb gilt

$$\begin{aligned}(\Lambda_o,\alpha) &= (\tilde{\lambda}|_{\underline{a}},\alpha) + (\rho|_{\underline{a}},\alpha) \\ &\geq (\rho_Q,\alpha) \qquad\qquad (\alpha \in \Delta(Q,A))\end{aligned}$$

und die Behauptung folgt aus 6.4.(2) und 4.11., da Q nach Voraussetzung nicht minimal parabolisch ist.

6.7. KOROLLAR. Sei $Q = P_{\Delta-\{\alpha_j\}}$ eine standard maximal parabolische $\mathbb{Q}$-Untergruppe von $SL_n(\mathbb{R})$, $n > 2$. Sei $[\phi] \neq 0$ eine cuspidale Kohomologieklasse aus $H^q_{cusp}(e'(Q),E_\lambda)$ vom Typ (π,w_j), wobei $\pi \in {}^o\hat{M}$ temperiert und w_j die zu der Wurzel α_j gehörende Reflektion in W^Q ist (cf. 5.5.(3)). Dann ist die der harmonischen Spitzenform ϕ zugeordnete Eisensteinreihe $E(\phi,\Lambda)$ holomorph in $\Lambda_o = -w_j(\lambda+\rho)|_{\underline{a}}$, und $[E(\phi,\Lambda_o)]$ ist eine nicht-triviale Klasse in $H^q(\Gamma,X;E_\lambda)$, die durch die geschlossene, harmonische Differentialform $E(\phi,\Lambda_o)$ repräsentiert wird.

Nach dem Beweis von 5.6. gilt für das reellwertige $\Lambda_o = -w_j(\lambda+\rho)|_{\underline{a}}$ $(\Lambda_o,\alpha) = (\lambda,\alpha) + (\rho_Q,\alpha)$. Da λ dominant ist, i.e. $(\lambda,\alpha) \geq 0$, sind die Voraussetzungen von 6.4.(2) erfüllt und die Behauptung folgt mit 4.11.

II. ZUR KOHOMOLOGIE ARITHMETISCH DEFINIERTER UNTERGRUPPEN VON $SL_3/\mathbb{Q}$

§ 7 Die Kohomologie des Randes der Borel-Serre-Kompaktifizierung

Zu Beginn dieses Abschnitts spezialisieren wir die in den Paragraphen 1 und 2 ausgearbeitete Theorie auf den Fall einer arithmetischen Untergruppe Γ von $SL_3(\mathbb{Q})$. Wir geben dann eine vollständige strukturelle Beschreibung (Thm. 7.6.) der Kohomologie des Randes der Borel-Serre-Kompaktifizierung. Dazu haben wir $\partial(\Gamma\backslash\overline{X})$ als die Vereinigung $Y = \overline{Y}_1 \cup_{Y_o} \overline{Y}_2$ der beiden Typen von Seiten in $\partial(\Gamma\backslash\overline{X})$ beschrieben, die entlang ihrer gemeinsamen Ränder miteinander verklebt sind. Eine sorgfältige Analyse der zu dieser Zerlegung von $\partial(\Gamma\backslash\overline{X})$ gehörenden Mayer-Vietoris Sequenz erbringt dann das Ergebnis. Wir beschließen diesen Abschnitt damit, die irreduziblen unitären Darstellungen von $SL_2^{\pm}(\mathbb{R})$ mit nicht-trivialer $(\underline{g},K)$-Kohomologie anzugeben. Wegen 3.1. und 7.4. benötigen wir dies, um $H^*(e'(P),\mathbb{C})$, P maximal parabolische $\mathbb{Q}$-Untergruppe von $SL_3(\mathbb{R})$, im Rahmen relativer Liealgebrakohomologie beschreiben zu können.

7.1. Struktur von SL_3. Nun bezeichnet $\underline{G}$ die halbeinfache algebraische $\mathbb{Q}$-Gruppe $SL_3/\mathbb{Q}$, und $G = \underline{G}(\mathbb{R}) = SL_3(\mathbb{R})$ sei die Gruppe der reellen Punkte. Als maximal kompakte Untergruppe K von G fixieren wir $K = SO(3)$; sei Θ_K wie zuvor die zugehörige Cartaninvolution. Wir spezifizieren nun zuerst die in 1.7. eingeführten Notationen und Begriffe auf den Fall der zerfallenden $\mathbb{Q}$-Gruppe $\underline{G}$.

Sei P_o die minimal parabolische $\mathbb{Q}$-Untergruppe von oberen Dreiecksmatrizen

$$P_o = \left\{ \begin{pmatrix} a_{11} & a_{12} & a_{13} \\ & a_{22} & a_{23} \\ & & a_{33} \end{pmatrix} \in G \right\}$$

mit zerfallender, Θ_K-stabiler Komponente

$$A_o = \left\{ \begin{pmatrix} t_1 & & \\ & t_2 & \\ & & t_3 \end{pmatrix} \in G \;\middle|\; t_i > 0 \right\} .$$

Man bemerke, daß A_o die Eins-Komponente der reellen Punkte $\underline{T}(\mathbb{R})$ des maximal $\mathbb{Q}$-zerfallenden Torus von Diagonalmatrizen von $\underline{G}$ ist. Ein Element von $\underline{T}(\mathbb{R})$ wird mit $\mathrm{diag}(t_i)$ bezeichnet. Dann gilt $P_o = {}^oM_o \cdot A_oN_o$, wobei ${}^oM_o = \{\mathrm{diag}(t_i) \in G \mid t_i = \pm 1\}$ resp.

$$N_o = \left\{ \begin{pmatrix} 1 & n_{12} & n_{13} \\ & 1 & n_{23} \\ & & 1 \end{pmatrix} \in G \right\}$$

das unipotente Radikal von P_o bezeichnet.

Wir setzen $\Phi = \Phi(\underline{g}_{\mathbb{C}}, \underline{a}_{o\mathbb{C}})$, und bezeichnen mit Δ (resp. Φ^+) die Menge der einfachen (resp. positiven) Wurzeln bezüglich der gewählten Ordnung. Dann gilt $\Delta = \{\alpha_i \mid i = 1,2\}$, wobei α_i die Abbildung t_i/t_{i+1} auf $\underline{T}(\mathbb{R})$ bezeichnet. Sei W die Weylgruppe von $\underline{g}_{\mathbb{C}}$ bzgl. $\underline{a}_{o\mathbb{C}}$; die einfachen Reflektionen, die zu den Wurzeln α_i, $i = 1,2$, gehören, werden mit w_i bezeichnet. Dann ist W erzeugt von der Menge $\{1, w_1, w_2\}$. In natürlicher Weise operiert die Weylgruppe auf der Menge der Wurzeln; es gilt

$$(1) \qquad \begin{aligned} w_i(\alpha_j) &= \alpha_i + \alpha_j \quad ; \quad i \neq j \, , \; i,j \in \{1,2\} \\ w_i(\alpha_i) &= -\alpha_i \quad ; \quad i = 1,2 \, . \end{aligned}$$

Wie in 1.7. eingeführt werden wir die Notation $\rho = \alpha_1 + \alpha_2$ verwenden.

Sei $\underline{\underline{P}}$ die Menge der parabolischen $\mathbb{Q}$-Untergruppen von G. Jedes Element $Q \neq G$ von $\underline{\underline{P}}$ ist entweder zu P_o oder zu einer der folgenden beiden maximal parabolischen $\mathbb{Q}$-Untergruppen von G konjugiert:

$$P_1 = \left\{ \begin{pmatrix} a_{11} & a_{12} & a_{13} \\ a_{21} & a_{22} & a_{23} \\ 0 & 0 & a_{33} \end{pmatrix} \in G \right\} , \quad P_2 = \left\{ \begin{pmatrix} b_{11} & b_{12} & b_{13} \\ 0 & b_{22} & b_{23} \\ 0 & b_{32} & b_{33} \end{pmatrix} \in G \right\} .$$

Ist Q konjugiert zu P_i, so sagen wir Q ist vom Typ $i = 0,1,2$. Man bemerke, daß eine maximal parabolische $\mathbb{Q}$-untergruppe Q von G nicht zu seiner opponierenden Gruppe $\overline{Q}$ konjugiert ist.

Man hat die 1.7.(2) entsprechende Zerlegung

$$(2) \qquad P_i = {}^{o}M_i \cdot A_i \cdot N_i ,$$

wobei

$$^{o}M_1 = \left\{ \begin{pmatrix} S & & \begin{matrix} 0 \\ 0 \end{matrix} \\ 0 & 0 & \varepsilon \end{pmatrix} \in G \mid S \in SL_2^{\pm}(\mathbb{R}) , \ \varepsilon = \pm 1 \right\}$$

mit $SL_2^{\pm}(\mathbb{R}) = \{ A \in GL_2(\mathbb{R}) \mid \det A = \pm 1 \}$,

$$^{o}M_2 = \left\{ \begin{pmatrix} \varepsilon & 0 \ 0 \\ \begin{matrix} 0 \\ 0 \end{matrix} & S \end{pmatrix} \in G \mid S \in SL_2^{\pm}(\mathbb{R}) , \ \varepsilon = \pm 1 \right\} ,$$

$$A_1 = \left\{ \begin{pmatrix} a^{-1} & & \\ & a^{-1} & \\ & & a^2 \end{pmatrix} \in G \mid a \in (\mathbb{R}^*)^+ \right\} , \quad A_2 = \left\{ \begin{pmatrix} b^2 & & \\ & b^{-1} & \\ & & b^{-1} \end{pmatrix} \in G \mid b \in (\mathbb{R}^*)^+ \right\}$$

und

$$N_1 = \left\{ \begin{pmatrix} 1 & 0 & n_3 \\ & 1 & n_2 \\ & & 1 \end{pmatrix} \in G \right\} , \quad N_2 = \left\{ \begin{pmatrix} 1 & n_1 & n_3 \\ & 1 & 0 \\ & & 0 \end{pmatrix} \in G \right\} .$$

Wir setzen

$$(3) \qquad d_1 = \begin{pmatrix} -1 & & \\ & -1 & \\ & & 1 \end{pmatrix} \quad \text{resp.} \quad d_2 = \begin{pmatrix} 1 & & \\ & -1 & \\ & & -1 \end{pmatrix}$$

und bezeichnen mit id die (3×3)-Einheitsmatrix. Man beachte, daß die Gruppe $^{o}M_i$ als die Gruppe der reellen Punkte einer über $\mathbb{Q}$-definierten algebraischen Gruppe aufgefaßt werden kann und aus zwei Zusammenhangskomponenten besteht. Wir können schreiben

(4) $\qquad {}^{o}M_1 \;=\; \{d_2, \mathrm{id}\} \ltimes {}^{o}M_1^{o} \quad \text{resp.} \quad {}^{o}M_2 \;=\; \{d_1, \mathrm{id}\} \ltimes {}^{o}M_2^{o}$.

Die Eins-Komponente ${}^{o}M_i^{o}$, $i = 1,2$, ist isomorph zu $SL_2(\mathbb{R})$, und man hat $d_i \in {}^{o}M_i^{o}$ resp. $d_i \in K$, $i = 1,2$.

7.2. Sei Γ eine arithmetische torsionsfreie Untergruppe von $\underline{G}(\mathbb{Q}) = SL_3(\mathbb{Q})$. Wir werden insbesondere für eine natürliche Zahl $m \geq 3$, die volle Kongruenzuntergruppe

(1) $\qquad \Gamma(m) \;=\; \{A \in SL_3(\mathbb{Z}) \mid A \equiv \mathrm{id} \bmod m\}$

zur Stufe m , die torsionsfrei ist (cf. [44] S. 203 resp. 211), betrachten. Der Quotientenraum $\Gamma\backslash X$, der durch die Aktion von Γ auf dem symmetrischen Raum $X = G/K$ entsteht, ist eine 5-dimensionale, nicht-kompakte vollständige Riemannsche Mannigfaltigkeit von endlichem Volumen. Wendet man das allgemeine Ergebnis von Borel-Serre ([17], 11.4.3) zur Berechnung der kohomologischen Dimension von Γ , das sie mittels der Kompaktifizierung $\Gamma\backslash\overline{X}$ erhalten haben, auf diesen Fall an, so gilt $cd(\Gamma) = 3$. Es folgt, daß für eine irreduzible endlichdimensionale komplexrationale Darstellung E von G gilt

(2) $\qquad H^q(\Gamma, X; E) \;=\; 0 \qquad q > 3$.

Weiterhin hat man nach ([4], § 16) für die Eilenberg-MacLane Homologiegruppe $H_1(\Gamma;\mathbb{C}) = \Gamma/[\Gamma:\Gamma] \otimes \mathbb{C} = 0$, und erhält

(3) $\qquad H^1(\Gamma, X; \mathbb{C}) \;=\; 0$.

Der Raum $\Gamma\backslash X$ ist zusammenhängend, und man hat

(4) $\qquad H^o(\Gamma, X; E) \;=\; E^{\Gamma} \;=\; \begin{cases} \mathbb{C} & E = \mathbb{C} \\ 0 & \text{sonst} \end{cases}$.

<u>7.3.</u> <u>Die Seiten</u> $e'(P)$. Sei $P \neq G$ eine parabolische $\mathbb{Q}$-Untergruppe von G ; in der Notation von 1.7. haben wir dann

$$P = M \ltimes N \quad \text{resp.} \quad M = {}^{o}M \ltimes A_P \quad ,$$

wobei die zerfallende Komponente A_p (resp. $Z_G(A_P) = M$) stabil unter Θ_K ist. Man bemerke, daß in diesem Fall der Gruppe SL_3 $\Gamma_M = \Gamma \cap M$ gilt und man $\Gamma_P = \Gamma_M \cdot \Gamma_N$ hat. Die Seite $e'(P) = \Gamma_P \backslash {}^{o}P/K_P$ ist dann der Totalraum des assoziierten Bündels

$$(1) \qquad e'(P) = \Gamma_N \backslash N \times_{\Gamma_M} Z_M$$

mit Strukturgruppe Γ_M , die auf der Faser durch Konjugation und auf Z_M durch Linkstranslation operiert.

Ist P eine minimal parabolische $\mathbb{Q}$-Untergruppe, so ist $e'(P) \cong \Gamma_N \backslash N$ eine kompakte dreidimensionale Nilmannigfaltigkeit.

Ist P hingegen eine maximal parabolische $\mathbb{Q}$-Untergruppe, dann ist die nicht-kompakte vierdimensionale Mannigfaltigkeit $e'(P)$ ein Torusbündel über einer Riemannschen Fläche. Die Basis der Faserung (1) von $e'(P)$ kann mit einem arithmetischen Quotienten der Form $\tilde{\Gamma}\backslash H$ identifiziert werden, wobei $H \cong SL_2(\mathbb{R})/SO(2)$ die obere Halbebene bezeichnet und $\tilde{\Gamma}$ eine arithmetische Untergruppe von $SL_2(\mathbb{Q})$ ist.

Da die Kohomologie der Basis $\Gamma_M \backslash Z_M$ mit Werten in der Kohomologie der Faser eine wichtige Rolle spielen wird, stellen wir nun einige Tatsachen über die Kohomologie von torsionsfreien arithmetischen Untergruppen Σ von $SL_2(\mathbb{Q})$ mit Koeffizienten in einer irreduziblen komplexrationalen endlichdimensionalen Darstellung E von $SL_2(\mathbb{R})$ zusammen. Die kohomologische Dimension von Σ ist 1 , deshalb gilt

$$(2) \qquad H^q(\Sigma, H; E) = 0 \quad , \quad q > 1 \quad .$$

Weiterhin

(3) $$H^{o}(\Sigma,H;E) = E^{\Sigma} = \begin{cases} \mathbb{C} & \text{für } E = \mathbb{C} \\ 0 & \text{sonst} \end{cases} .$$

Ist $\Sigma = \Gamma(2,m)$ die volle Kongruenzuntergruppe von $SL_2(\mathbb{Z})$ der Stufe m, $m \geq 3$, so hat man den Eichler-Shimura-Isomorphismus (cf. [55], § 8), der eine Beziehung herstellt zwischen der Spitzenkohomologie $H^1_{cusp}(\Gamma(2,m),H;E)$ und dem Raum der Spitzenformen bezüglich $\Gamma(2;m)$ von einem von E abhängenden Gewicht. Wir beschränken uns bei der Formulierung auf die beiden Fälle $E = \mathbb{C}$ resp. E = die 2-dimensionale reguläre Darstellung von $SL_2(\mathbb{R})$, da nur sie später verwendet werden. Sei $S_k(\Gamma(2,m))$ der Raum der Spitzenformen bezüglich $\Gamma(2,m)$ vom Gewicht k (cf. [55], § 2). Ist $E = \mathbb{C}$ die triviale Darstellung, so hat man

(4) $$H^1_{cusp}(\Gamma(2,m),H;\mathbb{C}) \cong S_2(\Gamma(2,m)) \oplus \overline{S_2(\Gamma(2,m))} .$$

Da die Dimension von $S_k(\Gamma(2,m))$ wohlbekannt ist (cf. [55], Thm. 2.25 und 8.8.23), kann man die Dimension der Spitzenkohomologie leicht bestimmen. Ist z. B. $p = m$ eine Primzahl, so gilt

(5) $$\dim_{\mathbb{C}} H^1_{cusp}(\Gamma(2,p),H;\mathbb{C}) = 2[1 + \frac{\mu_p(p-6)}{12p}] ,$$

wobei μ_p den Index von $\Gamma(2,p)$ in $SL_2(\mathbb{Z})/(\pm 1)$ bezeichnet. Man hat $\mu_p = (1/2)(p^3-p)$. Der Ausdruck in der eckigen Klammer in (5) kann geometrisch als das Geschlecht g_p der kompakten Riemannschen Fläche interpretiert werden, die man aus $\Gamma(2,p)\backslash H$ durch Hinzufügen der Spitzen im Unendlichen erhält (cf. [55], § 1).

Ist E_o die 2-dimensionale reguläre Darstellung von $SL_2(\mathbb{R})$ so gilt für beliebiges $m \geq 3$

(6) $$H^1_{cusp}(\Gamma(2,m),H;E_o) \cong S_3(\Gamma(2,m)) \oplus \overline{S_3(\Gamma(2,m))} ,$$

und für $m = p$ eine Primzahl hat man

(7) $$\dim H^1_{cusp}(\Gamma(2,p),H;E_o) = 2[2(g_p-1)+(1/2)\frac{\mu_p}{p}] .$$

7.4. Kohomologie von $e'(P)$. Wir nehmen ohne Beschränkung der Allgemeinheit an, daß P eine standard parabolische $\mathbb{Q}$-Untergruppe von G, $P \neq G$, ist, i.e., $P = P_i$, $i = 0,1,2$ entsprechend 7.1.. Wir bestimmen jetzt zunächst die Kohomologie von $e'(P)$. Es wird sich dabei herausstellen, daß man die Degeneration der zu der Faserung von $e'(P)$ gehörenden Spektralsequenz in der Kohomologie ohne Verwendung des allgemeinen Argumentes in 2.7. erhält. Zur Notation siehe § 2 bzw. 7.1.

SATZ. (1) *Ist* $P = P_o$ *minimal parabolische* $\mathbb{Q}$-*Untergruppe, so gilt bezüglich der* ${}^oM_o\cdot A_o$-*Modulstruktur*

$$H^*(e'(P_o);\mathbb{C}) = H^*(\underline{n}_o;\mathbb{C}) = \bigoplus_{w\in W} F_{w(\rho)-w} .$$

(2) *Ist* $P = P_i$, $i = 1,2$, *maximal parabolische* $\mathbb{Q}$-*Untergruppe, so degeneriert die zu der Faserung* 7.3.(1) *gehörende Spektralsequenz, und wir haben*

$$H^o(e'(P),\mathbb{C}) = \mathbb{C} \quad \text{resp.} \quad H^q(e'(P),\mathbb{C}) = 0 \quad , \quad q > 3$$

$$H^1(e'(P),\mathbb{C}) = H^1(\Gamma_M\backslash Z_M,H^o(\underline{n},\mathbb{C}))$$

$$H^2(e'(P),\mathbb{C}) = H^1(\Gamma_M\backslash Z_M,H^1(\underline{n},\mathbb{C})) \oplus H^o(\Gamma_M\backslash Z_M,H^2(\underline{n},\mathbb{C}))$$

$$H^3(e'(P),\mathbb{C}) = H^1(\Gamma_M\backslash Z_M,H^2(\underline{n},\mathbb{C}))$$

wobei $H^*(\underline{n}_i,\mathbb{C})$ *als* ${}^oM_i\cdot A_i$-*Modul gegeben ist durch*

$$H^q(\underline{n}_i,\mathbb{C}) = \begin{cases} \mathbb{C} & q = 0 \\ F_{w_j(\rho)-\rho} & q = 1 \\ F_{w_j\circ w_i(\rho)-\rho} & q = 2 \\ 0 & \text{sonst} \end{cases} .$$

<u>Man beachte, daß</u> $w_j \circ w_i = w_{P_i}$ <u>das längste Element in</u> W^{P_i} <u>ist</u>.

<u>ad</u>(1): Da $e'(P_o) = \Gamma_{N_o} \backslash N_o$ ist, gilt nach 2.4. $H^*(e'(P),\mathbb{C}) = H^*(\underline{n}_o,\mathbb{C})$ und die Behauptung folgt aus 2.5. und der Bemerkung in 3.1.

<u>ad</u>(2): Der E_2-Term der Spektralsequenz $\{E_r^{p,q},d_r\}$, die gegen die Kohomologie von $e'(P)$ konvergiert, ist gegeben durch $E_2^{p,q} = H^p(\Gamma_M \backslash Z_M, H^q(\underline{n}_i,\mathbb{C}))$, wobei die Kohomologie der Faser $\Gamma_N \backslash N$ schon mit $H^*(\underline{n}_i,\mathbb{C})$ identifiziert wurde. Da $W^{P_i} = \{1,w_j,w_j \circ w_i\}$, $j \neq i$, $i,j = 1,2$ ist, ergibt sich die Berechnung von $H^*(\underline{n}_i,\mathbb{C})$ aus 2.5.. Wir wenden nun die in 7.3. zusammengestellten Ergebnisse über die Kohomologie einer arithmetischen Untergruppe von $SL_2(\mathbb{Q})$ an. Es folgt sofort $E_2^{p,q} = 0$ für $p > 1$, $q > 2$. Da $w_j(\rho)-\rho = -\alpha_j$ und $-\alpha_j(d_i) = -1$ gilt, operiert ${}^oM_i^o$ auf $H^1(\underline{n}_i,\mathbb{C})$ als die reguläre zweidimensionale Darstellung; das Element d_j, $j \neq i$, operiert trivial auf dem Gewichtsraum des höchsten Gewichts, jedoch nicht-trivial auf dem anderen Gewichtsraum in $H^1(\underline{n}_i,\mathbb{C})$. Deshalb gilt nach 7.3.(3)

$$E_2^{o,1} = 0 \quad \text{resp.} \quad E_2^{1,1} = H^1(\Gamma_{M_i} \backslash Z_i; H^1(\underline{n}_i,\mathbb{C})) \quad .$$

Es gilt $w_{P_i}(\rho)-\rho = -2\alpha_j - \alpha_i$ (cf. 7.1.(1)), und es folgt, daß ${}^oM_i^o$ trivial auf $H^2(\underline{n}_i,\mathbb{C})$ operiert, jedoch d_j, $j \neq i$, durch Multiplikation mit -1. Deshalb gilt als $\mathbb{C}$-Vektorraum

$$E_2^{o,2} = \mathbb{C} \quad \text{resp.} \quad E_2^{1,2} = H^1(\Gamma_{M_i} \backslash Z_{M_i}, H^2(\underline{n}_i,\mathbb{C})) \quad .$$

Schließlich hat man noch $E_2^{1,o} = H^1(\Gamma_{M_i} \backslash Z_{M_i},\mathbb{C})$. Diese Berechnungen zeigen, daß alle Differentiale $d_r^{p,q}$, $r \geq 2$, verschwinden, und die Spektralsequenz degeneriert.

<u>7.5.</u> <u>Der Rand</u> $\partial(\Gamma(m)\backslash \overline{X})$. Wir betrachten nun die volle Kongruenzuntergruppe $\Gamma(m) \subset SL_3(\mathbb{Z})$ der Stufe m, $m \geq 3$, und nehmen an, daß m

ein für alle Male festgelegt ist. Dies rechtfertigt die (etwas sorglose) Notation

(1) $\qquad {}_f SL := \Gamma(m)\backslash SL_3(\mathbb{Z}) \cong SL_3(\mathbb{Z}/m\mathbb{Z})$

für die endliche Gruppe, die natürlich von m abhängt. In natürlicher Weise operiert $SL_3(\mathbb{Z})$ auf der Borel-Serre Kompaktifizierung $\Gamma(m)\backslash\overline{X}$ und so ${}_f SL$ auf den Kohomologiegruppen $H^*(\Gamma(m)\backslash\overline{X};\mathbb{C})$ resp. $H^*(\partial(\Gamma(m)\backslash\overline{X});\mathbb{C})$. Wir werden im folgenden das in [40] erzielte Resultat erläutern, das die Kohomologie $H^*(\partial(\Gamma(m)\backslash\overline{X});\mathbb{C})$ des Randes als ${}_f SL$-Modul beschreibt. Hierzu müssen einige neue Notationen eingeführt werden.

Bezüglich der fest gewählten arithmetischen Gruppe $\Gamma(m)$ definieren wir die folgenden Untergruppen von ${}_f SL$

(2) $\qquad {}_f P_i = \Gamma(m)_{P_i}\backslash(SL_3(\mathbb{Z}) \cap P_i)$, $\quad i = 0,1,2$,

(3) $\qquad {}_f M_i = \Gamma(m)_{M_i}\backslash(SL_3(\mathbb{Z}) \cap M_i)$, $\quad i = 0,1,2$,

(4) $\qquad {}_f N_i = \Gamma(m)_{N_i}\backslash(SL_3(\mathbb{Z}) \cap N_i)$, $\quad i = 0,1,2$,

wobei P_i die standard parabolischen $\mathbb{Q}$-Untergruppen von G mit der Zerlegung $P_i = M_i N_i$ sind (cf. 7.1.). Die natürlichen surjektiven Homomorphismen ${}_f P_i \to {}_f M_i$ haben als Kern gerade ${}_f N_i$, i.e.

(5) $\qquad 1 \to {}_f N_i \to {}_f P_i \to {}_f M_i \to 1$

ist eine kurze exakte Sequenz.

Wir sehen gleich, daß die Nebenklassen ${}_f SL/{}_f P_i$ eine wichtige Rolle spielen, da sie die $\Gamma(m)$-Konjugationsklassen von parabolischen $\mathbb{Q}$-Untergruppen von G vom Typ i parametrisieren. Man bemerke, daß die ${}_f P_i$ i.a. keine parabolischen Untergruppen von ${}_f SL = SL_3(\mathbb{Z}/m\mathbb{Z})$ sind.

Sei (τ,V) eine endlichdimensionale komplexe Darstellung von ${}_fM_i$ $(i = 1,2)$; mittels der Projektion $\pi_i : {}_fP_i \to {}_fM_i$ können wir diese Darstellung als eine Darstellung von ${}_fP_i$ auffassen. Die zurückgezogene eindimensionale signum-Darstellung von $SL_2^{\pm}(\mathbb{Z}/m\mathbb{Z}) \cong {}_fM_i$ sei mit ε_i bezeichnet. Sehen wir die in 7.1.(3) definierten Matrizen d_i $(i = 1,2)$ als Elemente in ${}_fM_1$ wie auch ${}_fM_2$ an, so ist ε_i charakterisiert durch

(6) $$\varepsilon_1(d_1) = 1 \ , \ \varepsilon_1(d_2) = -1 \ , \ \varepsilon_2(d_1) = -1 \ , \ \varepsilon_2(d_2) = 1 \ .$$

Wir legen die folgende Notation fest. Sei (σ,V) eine endlichdimensionale komplexe Darstellung von ${}_fP_i$, $i = 0,1,2$. Dann bezeichnen wir die durch σ induzierte Darstellung von ${}_fSL$ mit (cf. [53], § 7):

(7) $$\mathrm{Ind}_{{}_fP_i}^{{}_fSL}[\sigma] \ := \ \mathbb{C}[{}_fSL] \otimes_{\mathbb{C}[{}_fP_i]} V \ ,$$

wobei $\mathbb{C}[\ \ ]$ die Gruppenalgebra über $\mathbb{C}$ bezeichnet.

Man kann den Rand $\partial(\Gamma(m)\backslash\overline{X})$ nun wie folgt beschreiben (cf. [40], § 3). Der Kürze halber schreiben wir $\Gamma = \Gamma(m)$. Die Seite $e'(P_i) = \Gamma_{P_i}\backslash {}^oP_i/K_{P_i}$ hat in natürlicher Weise eine ${}_fP_i$-Aktion. Wir setzen

(8) $$Y_i \ := \ {}_fSL \underset{{}_fP_i}{\times} e'(P_i) \qquad (i = 0,1,2) \ .$$

Offenbar ist Y_i disjunkte Vereinigung von Kopien von $e'(P_i)$, und der Raum Y_i besitzt in natürlicher Weise eine Aktion von ${}_fSL$, die die Aktion von ${}_fP_i$ auf $e'(P_i)$ erweitert. Der Rand $\partial(\Gamma(m)\backslash\overline{X})$ ist nun aus diesen drei Stücken Y_i $(i = 0,1,2)$ zusammengesetzt.

Die Mannigfaltigkeiten $e'(P_i)$, $i = 1,2,$ waren als Torusbündel über einer Riemannschen Fläche gefasert (cf. 7.3.)

$$\Gamma_{N_i}\backslash N_i \ \to \ e'(P_i) \ \to \ \Gamma_{M_i}\backslash Z_{M_i} \ ,$$

und $e'(P_o) = \Gamma_{N_o}\backslash N_o$ kann in zweifacher Weise als Torusbündel über S^1

gefasert werden. Die Faserungen

$$\Gamma_{N_i}\backslash N_i \longrightarrow e'(P_o) \xrightarrow{f_i} \Gamma_{U_i}\backslash U_i$$

sind induziert durch die natürlichen Abbildungen $N_o \to U_i$, $i = 1,2$, wobei U_i das unipotente Radikal der standard Boreluntergruppe B_i von ${}^oM_i^o$ bezeichnet, und $\Gamma_{U_i} = U_i \cap \Gamma(m)$. Wir kompaktifizieren nun $e'(P_i)$, $i = 1,2$, in der Weise, wie die Borel-Serre Kompaktifizierung der Basis $\Gamma_{M_i}\backslash Z_{M_i}$ es vorschreibt. Über jeder Spitze, die zu einer $(\Gamma \cap {}^oM_i)$-Konjugationsklasse von $\mathbb{Q}$-Boreluntergruppen von ${}^oM_i$ gehört, fügen wir eine dreidimensionale Nilmannigfaltigkeit hinzu, die an der Standardspitze durch die Faserung f_i gegeben ist. So erhält man eine natürliche Kompaktifizierung $\overline{e'(P_i)}$ von $e'(P_i)$ mit Rand $\partial(\overline{e'(P_i)})$. Die Gruppe ${}_fP_i$ operiert transitiv auf den Komponenten des Randes, und die Isotropiegruppe jeder dieser Spitzen ist konjugiert zu ${}_fP_o$. Aus der Konstruktion folgt jetzt leicht, daß man einen bezüglich der Aktion von ${}_fP_i$ äquivarianten Diffeomorphismus

$$\text{(9)} \qquad \Phi_i \;:\; {}_fP_i \underset{{}_fP_o}{\times} e'(P_o) \longrightarrow \partial(\overline{e'(P_i)}) \qquad (i = 1,2)$$

von ${}_fP_i \underset{{}_fP_o}{\times} e'(P_o)$ auf den Rand der Kompaktifizierung von $e'(P_i)$ hat.

Wir setzen für $i = 1,2$

$$\overline{Y_i} = {}_fSL \underset{{}_fP_i}{\times} \overline{e'(P_i)} \quad \text{resp.} \quad \partial(\overline{Y_i}) = {}_fSL \underset{{}_fP_i}{\times} \partial(\overline{e'(P_i)}) ,$$

und $\overline{Y_i}$ ist eine kompakte Mannigfaltigkeit mit Rand $\partial(\overline{Y_i})$. Aus (9) folgt die Existenz von ${}_fSL$-äquivarianten Diffeomorphismen

$$\text{(10)} \qquad \Psi_i \;:\; Y_o \longrightarrow \partial(\overline{Y_i}) \quad , \quad (i = 1,2) \quad ,$$

definiert durch

$$Y_o = {}_fSL \underset{{}_fP_i}{\times} ({}_fP_i \underset{{}_fP_o}{\times} e'(P_o)) \xrightarrow{\Phi_i} {}_fSL \underset{{}_fP_i}{\times} (\partial(\overline{e'(P_i)})) \quad .$$

Mittels der Ψ_i kleben wir nun $\overline{Y_i}$ und $-\overline{Y_2}$ (mit umgekehrter Orientierung) entlang ihres gemeinsamen Randes zusammen und erhalten eine geschlossene vierdimensionale Mannigfaltigkeit

$$Y := \overline{Y_1} \underset{Y_o}{\cup} \overline{Y_2}$$

mit einer Aktion von ${}_f SL$. In [40], Prop. 3.5. ist nun gezeigt worden, daß Y äquivariant diffeomorph bezüglich der ${}_f SL$-Aktion zum Rand $\partial(\Gamma(m)\backslash\overline{X})$ der Borel-Serre Kompaktifizierung ist, i.e.

$$(11) \qquad \partial(\Gamma(m)\backslash\overline{X}) \cong Y = \overline{Y_1} \underset{Y_o}{\cup} \overline{Y_2} .$$

Durch eine sorgfältige Analyse der zu dieser Zerlegung von $\partial(\Gamma(m)\backslash\overline{X})$ gehörenden Mayer-Vietoris Sequenz konnte dann in [40], Theorem 2.4. $H^*(\partial(\Gamma(m)\backslash\overline{X}),\mathbb{C})$ in seiner Struktur als ${}_f SL$-Modul bestimmt werden. Ist Γ torsionsfreie Untergruppe von endlichem Index in $SL_3(\mathbb{Z})$, so enthält sie eine volle Kongruenzuntergruppe, und man kann, indem man in der folgenden Aussage auf beiden Seiten die $\Gamma/\Gamma(m)$-Invarianten nimmt, ein analoges Resultat für $H^*(\partial(\Gamma\backslash\overline{X}),\mathbb{C})$ erhalten.

7.6. THEOREM ([40], 2.4.). Die Kohomologie $H^*(\partial(\Gamma(m)\backslash\overline{X}),\mathbb{C})$ des Randes $\partial(\Gamma(m)\backslash\overline{X})$ der Borel-Serre Kompaktifizierung des arithmetischen Quotienten $\Gamma(m)\backslash X$, $m \geq 3$, ist als Modul unter ${}_f SL = SL_3(\mathbb{Z}/m\mathbb{Z})$ gegeben durch

$$(1) \quad H^q(\partial(\Gamma(m)\backslash\overline{X}),\mathbb{C}) = \begin{cases} \mathbb{C} & q = 0,4 \\ 0 & q > 4 \end{cases}$$

$$(2) \quad H^1(\partial(\Gamma(m)\backslash\overline{X}),\mathbb{C}) \cong H^3(\partial(\Gamma(m)\backslash\overline{X}),\mathbb{C})$$

$$(3) \quad H^2(\partial(\Gamma(m)\backslash\overline{X}),\mathbb{C}) \cong \bigoplus_{i=1}^{2} \operatorname{Ind}_{{}_f P_i}^{{}_f SL} [H^1_{cusp}(\Gamma(2,m),Z_{M_i};E_o)]$$

$$\oplus \bigoplus_{i=1}^{2} (\operatorname{Ind}_{{}_f P_i}^{{}_f SL} [H^o(\Gamma(2,m),Z_{M_i};H^2(\underline{n}_i,\mathbb{C}))] \oplus \operatorname{Ind}_{{}_f P_i}^{{}_f SL} [\varepsilon_i])$$

$$(4)\quad H^3(\partial(\Gamma(m)\backslash\overline{X}),\mathbb{C}) \cong \bigoplus_{i=1}^{2} \operatorname{Ind}_{{}_fP_i}^{{}_fSL} [H^1_{cusp}(\Gamma(2,m),Z_{M_i};H^2(\underline{n}_i;\mathbb{C}))] \oplus \widetilde{St}\ ,$$

wobei die Aktion von ${}_fP_i$ die zurückgezogene natürliche Aktion von ${}_fM_i$ auf der Spitzenkohomologie $H^1_{cusp}(\Gamma(2,m),Z_{M_i};\ )$ mit Koeffizienten in $H^2(\underline{n}_i,\mathbb{C})$ resp. der zweidimensionalen regulären Darstellung E_o von $SL_2(\mathbb{R})$ ist, und wobei $\widetilde{St}$ den verallgemeinerten Steinberg-Modul bezeichnet, der durch die kurze exakte Sequenz

$$(5)\quad 0 \to \mathbb{C} \to \bigoplus_{i=1}^{2} \operatorname{Ind}_{{}_fP_i}^{{}_fSL}[\mathbb{C}] \to \operatorname{Ind}_{{}_fP_o}^{{}_fSL}[\mathbb{C}] \to \widetilde{St} \to 0$$

definiert ist. In (3) ist $H^o(\Gamma(2,m),Z_{M_i};H^2(\underline{n}_i,\mathbb{C}))$ als ${}_fP_i$-Modul isomorph zu der eindimensionalen Darstellung ε_i, die in 7.5. definiert wurde.

7.7. Analog zu 3.1., 3.2. untersuchen wir jetzt $H^*_{cusp}(e'(P),\mathbb{C})$ im Rahmen relativer Liealgebrakohomologiegruppen. Ist P eine standard minimal parabolische $\mathbb{Q}$-Untergruppe, so gilt $H^*(e'(P),\mathbb{C}) = H^*(\underline{n},\mathbb{C}) \cong \bigoplus_{w\in W} F_{w(\rho)-\rho}$ nach 7.4.(1).

Sei deshalb P eine standard maximal parabolische $\mathbb{Q}$-Untergruppe von G mit der üblichen Levizerlegung $P = {}^oMAN$. Schreibt man die Kohomologie der zugehörigen Seite $e'(P)$ im Rahmen relativer Liealgebrakomplexe, so gilt nach 7.4. und 3.1.

$$(1)\qquad H^*(e'(P);\mathbb{C}) = H^*({}^o\underline{m},K_M;C^\infty(\Gamma_M\backslash{}^oM) \otimes H^*(\underline{n},E))$$

resp. für die Spitzenkohomologie nach 3.1.(4)

$$(2)\qquad H^r_{cusp}(e'(P);\mathbb{C}) = \bigoplus_{p+q=r}\ \bigoplus_{\pi\in{}^o\hat{M}}\ \bigoplus_{\substack{w\in W^P\\ \ell(w)=q}} H^p({}^o\underline{m},K_M;V_\pi \otimes F_{w(\rho)-\rho})\ ,$$

wobei V_π die isotypischen Komponenten des cuspidalen Spektrums $L^2_o(\Gamma_M\backslash{}^oM)$ durchläuft. Die Menge W^P wurde schon in 7.4. bestimmt. Wir wollen nun diejenigen irreduziblen unitären Darstellungen von ${}^oM \cong SL_2^{\pm}(\mathbb{R})$ angeben, die bei gegebenem $w \in W^P$ möglicherweise einen nicht-trivialen Beitrag zur rechten Seite von (2) liefern. Dazu ist es notwendig, die irreduziblen $(\underline{\mathfrak{sl}}_2(\mathbb{R}),O(2))$-Moduln mit nicht-trivialer relativer Liealgebrakohomologie anzugeben. Bevor wir die Klassifikation der irreduziblen unitären Darstellungen von $SL_2(\mathbb{R})$ resp. $SL_2^{\pm}(\mathbb{R})$ angeben können, müssen wir einige Notationen festlegen.

7.8. Irreduzible unitäre Darstellungen von $SL_2^{\pm}(\mathbb{R})$. Wir bezeichnen die reelle Liegruppe $SL_2^{\pm}(\mathbb{R})$ mit H und fixieren als maximal kompakte Untergruppe L in H die Gruppe $L = O(2)$. Setzen wir

$$k(\Theta) = \left\{ \begin{pmatrix} \cos\Theta & \sin\Theta \\ -\sin\Theta & \cos\Theta \end{pmatrix} \quad , \quad \Theta \in \mathbb{R} \right\},$$

so gilt $L^o = SO(2) = \{k(\Theta) \mid \Theta \in \mathbb{R}\}$ und $L = L^o \cup \begin{pmatrix} 1 & 0 \\ 0 & -1 \end{pmatrix} L^o$. Die Menge $\hat{L}$ der irreduziblen unitären Darstellungen von L kann dann wie folgt beschrieben werden: Für $n \in \mathbb{Z}$ sei der Charakter $\chi_n : L^o \to \mathbb{C}$ definiert durch $\chi_n(k(\Theta)) = e^{in\Theta}$. Ist $n \in \mathbb{Z}$, $n > o$, so definiere

$$(1) \qquad \mu_n := \mathrm{Ind}_{L^o}^{L}(\chi_n) \cong \mathrm{Ind}_{L^o}^{L}(\chi_{-n}) \quad ;$$

dies ist eine zweidimensionale irreduzible unitäre Darstellung von L, und man hat $\mu_n|_{L^o} = \chi_n \oplus \chi_{-n}$. Bezeichnet μ_o^+ die triviale Darstellung, und μ_o^- die durch $\begin{pmatrix} 1 & 0 \\ 0 & -1 \end{pmatrix} \longmapsto -1$ gegebene Darstellung, dann gilt

$$(2) \qquad \mu_o^{\pm}|_{L^o} = \chi_o \qquad \text{resp.} \qquad \mathrm{Ind}_{L_o}^{L}(\chi_o) = \mu_o^+ \oplus \mu_o^- \quad .$$

Das unitäre Dual von L besteht dann aus

$$(3) \qquad \hat{L} = \{\mu_o^+, \mu_o^-, \mu_n \mid n > o\} \quad .$$

Sei B die standard Boreluntergruppe der oberen Dreiecksmatrizen von $SL_2(\mathbb{R}) = H^o$. Man hat $B = MAU$, wobei

$$M = \left\{\pm\begin{pmatrix}1 & 0\\ 0 & 1\end{pmatrix}\right\}\ ,\ A = \left\{\begin{pmatrix}a & o\\ o & a^{-1}\end{pmatrix} \in H^o \;\middle|\; a > o\right\}\ ,\ U = \left\{\begin{pmatrix}1 & u\\ o & 1\end{pmatrix} \;\middle|\; u \in \mathbb{R}\right\}.$$

Die irreduziblen unitären Darstellungen von $SL_2(\mathbb{R})$ können dann wie folgt beschrieben werden:

(4) die triviale Darstellung

(5) unitäre Hauptseriendarstellungen $Ind_{B,\sigma_\pm,i\nu}, \nu \in \mathbb{R}$, wobei σ_+ (resp. σ_-) die triviale (resp. signum -) Darstellung von M bezeichnet; wir setzen hierbei $\nu \neq o$ im Falle σ_- voraus, da dann $Ind_{B,\sigma_-,o}$ reduzibel wird. Die Darstellungen $Ind_{B,\sigma_\pm,i\nu}$ und $Ind_{B,\sigma_\pm,-i\nu}$ sind äquivalent.

(6) komplementäre Serie-Darstellungen C^s, $0 < s < 1$, $s \in \mathbb{R}$, die von nicht-unitären Hauptseriendarstellungen der Form $Ind_{B,\sigma,s}$ herkommen

(7) diskrete Serie-Darstellungen $D_k^\pm$, $k \geq 2$, in der üblichen Parametrisierung durch den niedrigsten vorkommenden SO(2)-Typ χ_k. Für eine Realisierung siehe [32] oder [35]. Die diskrete Serie-Darstellungen sind Unterdarstellungen nicht-unitärer Hauptseriendarstellungen; man hat

$$D_k^+ \oplus D_k^- \subseteq Ind_{P,\sigma_+,k-1}\ , \quad \text{falls } k \text{ gerade ist}$$

$$D_k^+ \oplus D_k^- \subseteq Ind_{P,\sigma_-,k-1}\ , \quad \text{falls } k \text{ ungerade ist}$$

$$k \geq 1$$

Die Darstellungen $D_k^\pm$, $k \geq 2$, sind temperiert.

7.9. SATZ. a) Ist (π, H_π) eine irreduzible unitäre Darstellung von $SL_2(\mathbb{R})$, die nicht äquivalent ist zu der trivialen Darstellung oder $D_2^\pm$, dann gilt

$$(1) \qquad H^*(\underline{s\ell}_2(\mathbb{R}), SO(2); H_\pi^\infty) = 0 .$$

Für $\mathbb{C}$ resp. $D_2^\pm$ haben wir

$$(2) \qquad H^q(\underline{s\ell}_2(\mathbb{R}), SO(2); \mathbb{C}) = \begin{cases} \mathbb{C} & q = 0,2 \\ 0 & \text{sonst} \end{cases}$$

resp.

$$(3) \qquad H^q(\underline{s\ell}_2(\mathbb{R}), SO(2); D_2^\pm) = \begin{cases} \mathbb{C} & q = 1 \\ 0 & \text{sonst} \end{cases} .$$

b) Sei E_o die zweidimensionale reguläre Darstellung von $SL_2(\mathbb{R})$. Ist (π, H_π) eine irreduzible unitäre Darstellung von $SL_2(\mathbb{R})$, die nicht äquivalent ist zu $D_3^\pm$, dann gilt

$$(4) \qquad H^*(\underline{s\ell}_2(\mathbb{R}), SO(2); H_\pi^\infty \otimes E_o) = 0 .$$

Für $D_3^\pm$ haben wir

$$(5) \qquad H^q(\underline{s\ell}_2(\mathbb{R}), SO(2); D_3^\pm \otimes E_o) = \begin{cases} \mathbb{C} & q = 1 \\ 0 & \text{sonst} \end{cases} .$$

Ist E eine endlich dimensionale irreduzible Darstellung von $SL_2(\mathbb{R})$, so weiß man ([20], I, Thm. 5.3.), daß $H^*(\underline{s\ell}_2(\mathbb{R}), SO(2); H_\pi^\infty \otimes E)$ verschwindet, falls der infinitesimale Charakter von H_π nicht gleich dem infinitesimalen Charakter der zu E kontragradienten Darstellung ist. Die infinitesimalen Charaktere der irreduziblen unitären Darstellungen sind wohlbekannt (sie lassen sich ohne weiteres aus der oben gegebenen Beschreibung 7.8.(1) - (4) ablesen oder sind auch eindeutig durch die Aktion des Casimiroperators bestimmt (cf. [35]). Man sieht dann, daß in a) resp. b) nur die Darstellungen $\mathbb{C}$, $D_2^\pm$ resp. $D_3^\pm$ nicht dieses Kriterium verletzen. Dies beweist (1) und (4). Man hat nun für $H_\pi = \mathbb{C}$ oder $D_2^\pm$ (cf. [20], II, 3.1.)

$$H^*(\underline{s\ell}_2(\mathbb{R}), SO(2), H_\pi^\infty) = \mathrm{Hom}_{SO(2)}(\Lambda^*(\underline{g}/\underline{k}), H_\pi^\infty) .$$

Da $\underline{g}/\underline{k}$ resp. $\Lambda^2(\underline{g}/\underline{k})$ als SO(2)-Modul isomorph zu $\chi_2 \oplus \chi_{-2}$ resp. χ_o ist, folgen (2) und (3). Die Aussage (5) folgt mit einem analogen Argument.

(Bemerkung: Die relative Liealgebrakohomologie bezüglich einer diskreten Seriendarstellung einer halbeinfachen Gruppe G ist berechnet in [20], II, 5.3., 5.4.).

Die irreduziblen unitären Darstellungen von $SL_2^\pm(\mathbb{R})$ werden alle durch Induktion der irreduziblen unitären Darstellungen von $SL_2(\mathbb{R})$ nach $SL_2^\pm(\mathbb{R})$ gewonnen (cf. [60], I, § 4). Induziert man die diskrete Serie-Darstellung $D_k^\pm$, $k \geq 2$, so erhält man die irreduzible unitäre diskrete Serie-Darstellung D_k von $SL_2^\pm(\mathbb{R})$. Es gilt

(6) $\quad D_k|SL_2(\mathbb{R}) \cong D_k^+ \oplus D_k^-$ und D_k, $k \geq 2$, ist temperiert.

Die irreduziblen unitären Hauptseriendarstellungen von $SL_2(\mathbb{R})$ zerfallen nach Induktion in äquivalente Summanden.

7.10. SATZ. a) Ist (π, H_π) eine irreduzible unitäre Darstellung von $SL_2^\pm(\mathbb{R})$, die nicht äquivalent zu der trivialen resp. eindimensionalen signum-Darstellung oder D_2 ist, dann gilt für $V = \mathbb{C}$ oder $\mathbb{C}_{sign}$

(1) $$H^*(\underline{s\ell}_2(\mathbb{R}), O(2); H_\pi^\infty \otimes V) = 0 .$$

Für $H_\pi = \mathbb{C}$ resp. $\mathbb{C}_{sign}$ oder D_2 hat man

(2) $$H^q(\underline{s\ell}_2(\mathbb{R}), O(2); \mathbb{C}) = \begin{cases} \mathbb{C} & q = o \\ 0 & \text{sonst} \end{cases}$$

$$H^q(\underline{s\ell}_2(\mathbb{R}), O(2); \mathbb{C}_{sign}) = \begin{cases} \mathbb{C} & q = 2 \\ 0 & \text{sonst} \end{cases}$$

$$H^q(\underline{s\ell}_2(\mathbb{R}), O(2); D_2) = \begin{cases} \mathbb{C} & q = 1 \\ 0 & \text{sonst} \end{cases} .$$

b) <u>Sei</u> E_o <u>die zweidimensionale irreduzible Darstellung von</u> $SL_2^{\pm}(\mathbb{R})$. <u>Ist</u> (π, H_π) <u>eine irreduzible unitäre Darstellung von</u> $SL_2^{\pm}(\mathbb{R})$, <u>die nicht äquivalent zu</u> D_3 <u>ist, dann gilt</u>

$$H^*(\underline{s\ell}_2(\mathbb{R}), O(2); H_\pi^\infty \otimes E_o) = 0 .$$

<u>Für</u> D_3 <u>haben wir</u>

$$H^q(\underline{s\ell}_2(\mathbb{R}), O(2); D_3 \otimes E_o) = \begin{cases} \mathbb{C} & q = 1 \\ 0 & \text{sonst} \end{cases} .$$

Der Beweis verläuft analog zu dem von 7.9.. Bei der expliziten Berechnung berücksichtige man, daß $\underline{g}/\underline{k}$ resp. $\Lambda^2(\underline{g}/\underline{k})$ als O(2)-Modul isomorph zu μ_2 resp. μ_o^- ist.

§ 8 Eisensteinkohomologieklassen, die Spitzenformen auf $e'(P)$, P maximal parabolisch, zugeordnet sind.

Wir wenden jetzt die Ergebnisse aus den Paragraphen 4 - 6 über die Konstruktion von Kohomologieklassen in $H^*(\Gamma\backslash X;\mathbb{C})$ mittels Eisensteinreihen, die Spitzenformen auf einer Seite $e'(P)$ zugeordnet sind, im Falle $\underline{G} = SL_3$ an. Dabei betrachten wir diejenigen Seiten $e'(P)$ im Rand $\partial(\Gamma\backslash\overline{X})$ der Borel-Serre Kompaktifizierung $\Gamma\backslash\overline{X}$, die zu einer Γ-Konjugationsklasse der maximal parabolischen $\mathbb{Q}$-Untergruppen von G korrespondieren. Wegen der speziellen Situation lassen sich wesentlich feinere Aussagen über das Bild solcher Eisensteinkohomologieklassen unter den Restriktionen r^*_Q machen als in 4.11. Die Resultate sind in 8.2. resp. 8.4. formuliert. In 8.3. resp. 8.5. diskutieren wir kurz die analogen Ergebnisse in dem Fall, daß man die Kohomologie $H^*(\Gamma\backslash X;E_\lambda)$ von Γ mit nicht-trivialen Koeffizienten betrachtet. Anschließend gehen wir darauf ein, welcher Gesamtbeitrag durch die in 8.2. resp. 8.4. konstruierten Eisensteinkohomologieklassen zur Kohomologie $H^*(\Gamma\backslash X;\mathbb{C})$ geleistet wird. Dabei spielt die Bestimmung der Kohomologie $H^*(\partial(\Gamma\backslash\overline{X}),\mathbb{C})$ des Randes (cf. 7.6.) eine wichtige Rolle.

Wir behalten die Notation des § 7 bei.

8.1. Sei P eine maximal parabolische $\mathbb{Q}$-Untergruppe von $G = SL_3(\mathbb{R})$. Wir nehmen oBdA an, daß P standard ist, i.e. $P = P_i$, $i = 1,2$ in der Konvention von 7.1. Aus der Berechnung der Kohomologie $H^*(e'(P),\mathbb{C})$ in 7.4. folgt für die Spitzenkohomologie von $e'(P)$

$$(1)\quad \begin{aligned} H^q_{cusp}(e'(P),\mathbb{C}) &= 0 \qquad q = 0 \text{ resp. } q > 3 , \\ H^{1+q}_{cusp}(e'(P),\mathbb{C}) &= H^1_{cusp}(\Gamma_M\backslash Z_M, H^q(\underline{n},\mathbb{C})) \qquad q = 0,1,2 . \end{aligned}$$

Da $H^1(\Gamma,\mathbb{C}) = 0$ für eine arithmetische Untergruppe Γ von $SL_3(\mathbb{Q})$ gilt (cf. 7.2.(3)), ist die Spitzenkohomologie von $e'(P)$ im Grade eins zur Lösung unseres Problems ohne Interesse. Wir betrachten deshalb nur die Grade zwei und drei. Nach 3.1. und (1) gilt im Rahmen relativer Liealgebrakohomologie

$$(2) \qquad H^{1+q}_{cusp}(e'(P),\mathbb{C}) = H^1({}^o\underline{m},K_M;L^2_o(\Gamma_M\backslash{}^oM) \otimes H^q(\underline{n},\mathbb{C})) \quad , \quad q = 1,2 \quad ,$$

und das cuspidale Spektrum zerlegt sich als direkte Hilbertsumme

$$L^2_o(\Gamma_M\backslash{}^oM) = \bigoplus_{\pi \in {}^o\hat{M}} V_\pi \quad ,$$

wobei V_π die isotypische Komponente von π bezeichnet. Da nach 7.4.(2) für $P = P_i$ die Struktur von $H^q(\underline{n}_i,\mathbb{C})$ als ${}^oM_i$-Modul bestimmt ist durch

$$H^1(\underline{n}_i,\mathbb{C}) = F_{w_j(\rho)-\rho} \quad \text{resp.} \quad H^2(\underline{n}_i,\mathbb{C}) = F_{w_j \circ w_i(\rho)-\rho} \quad ,$$

folgt mit 3.1.(4)

$$(3) \qquad H^2_{cusp}(e'(P_i),\mathbb{C}) = \bigoplus_{\pi \in {}^o\hat{M}} H^1({}^o\underline{m}_i,K_{M_i};V_\pi \otimes F_{w_j(\rho)-\rho})$$

resp.

$$(4) \qquad H^3_{cusp}(e'(P_i),\mathbb{C}) = \bigoplus_{\pi \in {}^o\hat{M}} H^1({}^o\underline{m}_i,K_{M_i};V_\pi \otimes F_{w_j \circ w_i(\rho)-\rho}) \quad .$$

In 7.9., 7.10. haben wir diejenigen irreduziblen unitären Darstellungen von $SL_2^{\pm}(\mathbb{R}) \cong {}^oM$ bestimmt, die einen nicht-trivialen Beitrag zu (3) resp. (4) liefern könnten. Wie schon im Beweis des Satzes in 7.4. bemerkt wurde ist

$$w_j(\rho)-\rho = -\alpha_j \quad \text{resp.} \quad w_j \circ w_i(\rho)-\rho = -2\alpha_j - \alpha_i \; .$$

Man stellt nun fest, daß $F_{-\alpha_j}$ die zweidimensionale irreduzible reguläre Darstellung von ${}^oM_i \cong SL_2^{\pm}(\mathbb{R})$ ist. Weiterhin hat man, daß ${}^oM_i^o \cong SL_2(\mathbb{R})$

trivial auf $F_{-2\alpha_j-\alpha_i}$ operiert resp. $-2\alpha_j - \alpha_i(d_j) = -\alpha_i(d_j) = -1$, $j \neq i$ gilt. Es folgt, daß $F_{w_j \circ w_i(\rho)-\rho}$ die eindimensionale signum-Darstellung von ${}^oM_i = \langle d_j, Id\rangle \ltimes {}^oM_i^o$ ist. Wir erhalten so mit 7.10.

$$(5) \qquad H^2_{cusp}(e'(P_i),\mathbb{C}) = H^1({}^o\underline{m}_i, K_{M_i}; V_{D_3} \otimes F_{w_j(\rho)-\rho})$$

resp.

$$(6) \qquad H^3_{cusp}(e'(P_i),\mathbb{C}) = H^1({}^o\underline{m}_i, K_{M_i}; V_{D_2} \otimes F_{w_{P_i}(\rho)-\rho})$$

wobei $w_{P_i} = w_j \circ w_i$ die in 2.3. eingeführte Notation für das längste Element in W^{P_i} ist (cf. Beweis von 7.4.). Damit ist ausgesagt, daß $H^q_{cusp}(e'(P_i),\mathbb{C})$, $q = 2$ resp. 3, nur von cuspidalen Kohomologieklassen vom Typ (D_3, w_j) , $j \neq i$, resp. (D_2, w_{P_i}) erzeugt wird, wobei D_k die diskrete Serien-Darstellung vom niedrigsten $O(2)$-Typ k bezeichnet.

In den beiden folgenden Theoremen betrachten wir die, diesen beiden Arten (5), (6) von cuspidalen Klassen zugeordneten Eisensteinreihen. Dabei nehmen wir oBdA an, daß $P = P_i$, $i = 1,2$ gilt, i.e. daß P standard ist. Andernfalls wählt man eine minimalparabolische P'_o , so daß P standard bzgl. P'_o ist, und arbeitet dann anstelle von Φ , W , W^P etc. mit den analogen Bildungen Φ' , W' , W'^P etc. und erhält dasselbe Resultat.

8.2. THEOREM. Sei $P = P_i$, $i = 1,2$, eine maximal parabolische $\mathbb{Q}$-Untergruppe von $G = SL_3(\mathbb{R})$. Sei

$$[\phi] \in H^3_{cusp}(e'(P_i);\mathbb{C}) = H^1({}^o\underline{m}_i, K_{M_i}; V_{D_2} \otimes F_{w_{P_i}(\rho)-\rho})$$

eine nicht-triviale Kohomologieklasse (notwendigerweise vom Typ (D_2, w_{P_i})), die durch eine harmonische Spitzenform ϕ repräsentiert wird. Dann gilt:

(1) Die $[\phi]$ zugeordnete Eisensteinreihe $E(\phi,\Lambda)$, $\Lambda \in \underline{a}^*_{i\,\mathbb{C}}$, ist holomorph im Punkte $\Lambda_o = -w_{P_i}(\rho)|_{\underline{a}_i} = \rho_{P_i}$. Die Eisensteinform $E(\phi,\Lambda_o) \in \Omega^3(\Gamma\backslash X;\mathbb{C})$ ist geschlossen und harmonisch und repräsentiert eine

nicht-triviale Klasse in $H^3(\Gamma\backslash X;\mathbb{C})$.

Sei Q eine beliebige parabolische $\mathbb{Q}$-Untergruppe von G, $Q \neq G$, mit zerfallender Komponente A_Q und bezeichne r_Q^* die Restriktion von $H^*(\Gamma\backslash\overline{X};\mathbb{C})$ auf die Kohomologie der zur Γ-Konjugationsklasse von Q gehörenden Seite $e'(Q)$ im Rand der Borel-Serre-Kompaktifizierung von $\Gamma\backslash X$.

(2) Ist Q minimal parabolisch, so gilt

$$r_Q^3([E(\phi,\Lambda_o)]) = 0 .$$

(3) Ist Q maximal parabolisch, aber nicht Γ-konjugiert zu P, so gilt

$$r_Q^3([E(\phi,\Lambda_o)]) = 0 .$$

(4) Ist Q Γ-konjugiert zu P (und deshalb $e'(Q) = e'(P)$), so gilt

$$r_Q^3([E(\phi,\Lambda_o)]) = [\phi_{\Lambda_o}]_{|e'(P)} = [\phi] .$$

ad(1): Die Klasse $[\phi] \in H^3(e'(P_i),\mathbb{C})$ ist vom Typ (D_2,w_{P_i}) , wobei D_2 die diskrete Serie-Darstellung von ${}^oM_i \cong SL_2^{\pm}(\mathbb{R})$ vom niedrigsten K_{M_i}-Typ 2 ist und w_{P_i} das längste Element in W^{P_i} bezeichnet. Da D_2 eine temperierte Darstellung ist (cf. 7.9.(6)), folgt die Behauptung aus 6.6..

ad(2): Da unter der Voraussetzung Q nicht assoziiert ist zu P, und $prk(Q) > prk(P)$ gilt, ist das gerade 4.11.(2).

ad(4): Ist Q zu P Γ-konjugiert, so gilt $e'(Q) = e'(P)$ (cf. [17], 7.7.(1)). Also können wir oBdA $Q = P$ annehmen. Da $W(A_P)$ nur die identische Transformation enthält (cf. 4.6. Beispiel und 7.1.), gilt nach 4.11.(3) resp. (6)

$$r_P^*([E(\phi,\Lambda_o)]) = \sum_{s \in W(A_P)} [\underline{\underline{c}}(s,\Lambda_o)_{s\Lambda_o}(\phi_{\Lambda_o})]_{e'(P)}$$

$$= [\phi_{\Lambda_o}]|_{e'(P)} = [\phi] .$$

ad(3): Hier müssen wir im Beweis zwei Fälle unterscheiden (cf. 7.1.)

(a) Q ist konjugiert unter $SL_3(\mathbb{Q})$ zu P_i

(b) Q ist konjugiert unter $SL_3(\mathbb{Q})$ zu P_j , $j \neq i$, $j \in \{1,2\}$.

Wir behandeln zuerst den Fall (a), i.e. sei Q eine maximal parabolische $\mathbb{Q}$-Untergruppe, die von demselben Typ wie P_i ist, aber <u>nicht</u> unter Γ zu P_i konjugiert ist. Insbesondere sind dann P_i und Q assoziiert zueinander, und wir betrachten einen Summanden in dem konstanten Fourierkoeffizienten von $E(\phi,\Lambda_o)$ bezüglich Q , der r_Q^* bestimmt (cf. 4.11.(4)). Nach Voraussetzung existiert ein $g \in \underline{G}(\mathbb{Q})$ mit $P_i^g = Q$, und $A_Q = A_i^g$ ist zerfallende Komponente von Q . Da P_i nicht unter $\underline{G}(\mathbb{Q})$ zu seiner opponierenden parabolischen $\mathbb{Q}$-Gruppe $\overline{P_i}$ konjugiert ist (cf. 7.1.), gilt $W(A_i) = \{1\}$. Dann folgt (cf. 4.6.)

$$W(A_i,A_Q) = gW(A_i) = \{\mathrm{Int}\, g|_{A_i}\}$$

i.e. das einzige Element s in $W(A_i,A_Q)$ wird induziert durch ein $g \in \underline{G}(\mathbb{Q})$ mit $P_i^g = Q$. Der zu $s \in W(A_i,A_Q)$ gehörende Verkettungsoperator $\underline{\underline{c}}(s,\Lambda_o)_{s\Lambda_o}$ war nun gegeben als Summe über Terme, die eineindeutig zu den Elementen in der Menge $\Gamma(s)$ korrespondierten; hierbei war $\Gamma(s) = \Gamma \cap P_i g^{-1} Q$ (cf. 4.8.). Unter den gemachten Voraussetzungen ist die Menge $\Gamma(s)$ jedoch leer. Denn existierte ein γ in $\Gamma(s)$, so ließe es sich schreiben als $\gamma = pg^{-1}q$, $p \in P_i$, $q \in Q$, und man hätte

$$\gamma^{-1}P_i\,\gamma = q^{-1}g\,p^{-1}P_i\,p\,g^{-1}q$$

$$= Q .$$

Also wäre Q schon <u>unter</u> Γ zu P_i konjugiert; dies ist jedoch im Widerspruch zur Voraussetzung. Also ist (3) im Fall (a) bewiesen. (Dieses Argument ist inspiriert durch Lemma 106 in [29] resp. 4.5.(ii) in [37]).

Wir kommen zu (b), i.e. Q ist nun konjugiert unter $SL_3(\mathbb{Q})$ zu P_j, $j \neq i$, i.e. Q ist nicht von demselben Typ wie P_i. Wir nehmen zuerst an, daß $Q = P_j$ ist. Wir setzen

$$(5) \qquad w_o := \begin{pmatrix} 0 & 0 & 1 \\ 0 & 1 & 0 \\ -1 & 0 & 0 \end{pmatrix} .$$

Dann hat man $w_o A_i w_o^{-1} = A_j$, $i \neq j$, und es gilt

$$W(A_i, A_j) = \{\mathrm{Int}\, w_o|_{A_i}\} .$$

Wir schreiben s für das einzige Element in $W(A_i, A_j)$. Nach 4.11.(3) ist die Restriktion von $[E(\phi, \Lambda_o)]$ auf $H^*(e'(P_j), \mathbb{C})$ dann gegeben durch

$$r^3_{P_j}([E(\phi, \Lambda_o)]) = [\underline{\underline{c}}(s, \Lambda_o)_{s\Lambda_o}(\phi_{\Lambda_o})]|_{e'(P_j)} .$$

In 4.10.(11) - (14) wurde nun gezeigt, daß dies eine Klasse in $H^3_{cusp}(e'(P), \mathbb{C})$ vom Gewicht $v_s(\rho) - \rho|_{\underline{a}_j}$ ist, wobei v_s ein eindeutig bestimmtes Element in W^{P_j} mit (cf. 4.10.(11))

$$(6) \qquad v_s(\rho)|_{\underline{a}_j} + s\Lambda_o = 0 \quad \text{resp.} \quad \chi_{sD_2} = \chi_{-v_s(\rho)|_{\underline{b}_j, \mathbb{C}}}$$

ist. Wir bestimmen $s\Lambda_o$. Da $\Lambda_o = -w_{P_i}(\rho)|_{\underline{a}_i} = \rho_{P_i}$ gilt, folgert man durch leichte Rechnung

$$s\Lambda_o = s\rho_{P_i}|_{\underline{a}_j} = -\rho_{P_j} .$$

Insbesondere muß also das eindeutig bestimmte $v_s \in W^{P_j} = \{1, w_i, w_{P_j}\}$ der Bedingung

$$v_s(\rho)|_{\underline{a}_j} - \rho_{P_j} = 0$$

genügen. Diese Bedingung wird jedoch von den Elementen w_i resp. $w_{P_j} = w_i \circ w_j$ aus W^{P_j} verletzt, da $w_i(\rho) = (\rho-\alpha_i) = \alpha_j$ auf $\underline{a}_j$ verschwindet resp. $w_{P_j}(\rho)|_{\underline{a}_j} = -\alpha_i|_{\underline{a}_j} = -\rho_{P_j}$ gilt; also ist $v_s = 1$ wie man auch direkt nachprüft. Nun ist aber $[\underline{\underline{c}}(s,\Lambda_o)_{s\Lambda_o}(\phi_{\Lambda_o})]|_{e'(P_j)}$ eine Kohomologieklasse vom Grade 3, i.e. ein Element in $H^3_{cusp}(e'(P_j);\mathbb{C}) = H^1_{cusp}(\Gamma_M\backslash Z_M;F_{w_{P_j}(\rho)-\rho})$. Dort gibt es aber keine Klasse $\neq 0$ vom Gewicht $v_s(\rho)-\rho = \rho-\rho = 0$; also gilt $r^3_{P_j}([E(\phi,\Lambda_o)]) = 0$.

Der technischen Einfachheit halber haben wir $Q = P_j$ (und damit Q als standard) vorausgesetzt; andernfalls ist $Q = P_j^g$, $g \in \underline{G}(\mathbb{Q})$, $g \neq 1$ und $('Q_o,'A_o) := (P_o^g,A_o^g)$ ist eine minimal parabolische $\mathbb{Q}$-Untergruppe von G , bezüglich der (Q,A_j^g) standard ist. Dann gilt $W(A_i,A_Q) = \{\mathrm{Int}\, g|_{A_j} \circ w_o\}$, und man argumentiert nun genauso wie eben über das Gewicht der Klasse $[\underline{\underline{c}}(s,\Lambda_o)_{s\Lambda_o}(\phi_{\Lambda_o})]|_{e'(Q)}$, nur das man jetzt anstelle von W^{P_j} , W etc. die analogen Begriffsbildungen $'W^Q$, $'W$ etc. bzgl. der neuen Fixierung einer minimal parabolischen $\mathbb{Q}$-Untergruppe von G verwenden muß. Die Situation ist nur mit g konjugiert (cf. 4.10.).

8.3. Bemerkung. Wie schon in der Einleitung bemerkt behandeln wir nur den Fall, daß die Darstellung (τ,E_λ) trivial ist, aber im Vergleich zu nicht-trivialen Koeffizienten ist das die schwierigere Situation, wie wir jetzt sehen. Man hat allgemein

$$H^3_{cusp}(e'(P_i),E_\lambda) = H^1({}^o\underline{m},K_M,D_{k_\lambda} \otimes F_{w_{P_i}(\lambda+\rho)-\rho}) ,$$

wobei der niedrigste K_M-Typ der diskreten Serie-Darstellung von λ abhängt. Dies sind, grob gesagt, Spitzenformen im klassischen Sinne vom Gewicht k_λ (cf. [55], § 8). Die zu betrachtende kritische Stelle ist dann $\Lambda_o = -w_{P_i}(\lambda+\rho)|_{\underline{a}_i} = \tilde{\lambda}+\rho|_{\underline{a}_i}$, wobei $\tilde{\lambda}$ das höchste Gewicht der zu E_λ kontragradienten Darstellung ist. Da $\Delta(P_i,A_i) = \{\alpha_j\}$, $j \neq i$ (cf. Beweis von 5.6.) und $(\Lambda_o,\alpha_j) = (\tilde{\lambda}+\rho|_{\underline{a}_i},\alpha_j) = (\tilde{\lambda}|_{\underline{a}_i},\alpha_j) + (\rho_{P_i},\alpha_j)$ gilt, liegt Λ_o für λ mit $(\tilde{\lambda}|_{\underline{a}_i},\alpha_j) > 0$ schon im Bereich der absoluten Konvergenz der $E(\phi,\Lambda)$ definierenden Reihe. Da $\tilde{\lambda}$ dominant ist (nach Voraussetzung 2.4.(2)), bleibt noch der Fall $(\tilde{\lambda},\alpha_j) = 0$. Das reduziert sich dann aber auf den im Theorem behandelten Fall. Die Berechnungen der Restriktion der konstruierten Klasse $[E(\phi,\Lambda_o)]$ bleiben dieselben.

8.4. THEOREM. Sei $P = P_i$, $i = 1,2$, eine maximal parabolische $\mathbb{Q}$-Untergruppe von $G = SL_3(\mathbb{R})$. Sei (cf. 8.1.)

$$[\phi] \in H^2_{cusp}(e'(P_i),\mathbb{C}) = H^1({}^o\underline{m}_i,K_{M_i};V_{D_3} \otimes F_{w_j(\rho)-\rho})$$

eine nicht-triviale Kohomologieklasse (notwendigerweise vom Typ (D_3,w_j)), die durch eine harmonische Spitzenform repräsentiert wird. Dann gilt:

(1) Die $[\phi]$ zugeordnete Eisensteinreihe $E(\phi,\Lambda)$, $\Lambda \in \underline{a}^*_{i,\mathbb{C}}$, ist holomorph im Punkte $\Lambda_o = -w_j(\rho)|_{\underline{a}_i} = -\alpha_i|_{\underline{a}_i} = 0$. Die Eisensteinform $E(\phi,\Lambda_o) \in \Omega^2(\Gamma\backslash X;\mathbb{C})$ ist geschlossen und harmonisch und repräsentiert eine nicht-triviale Klasse in $H^2(\Gamma\backslash X;\mathbb{C})$.

Sei Q eine beliebige eigentliche parabolische $\mathbb{Q}$-Untergruppe von G mit zerfallender Komponente A_Q und sei $r^*_Q : H^*(\Gamma\backslash\overline{X},\mathbb{C}) \to H^*(e'(Q),\mathbb{C})$ die natürliche Restriktion.

(2) Ist Q minimal parabolisch, so gilt

$$r^2_Q([E(\phi,\Lambda_o)]) = 0 .$$

(3) Ist Q Γ-konjugiert zu P , so gilt

$$r^2_Q([E(\phi,\Lambda_o)]) = [\phi] .$$

(4) Ist Q maximal parabolisch, von demselben Typ wie P , aber nicht Γ-konjugiert zu P , so gilt

$$r^2_Q([E(\phi,\Lambda_o)]) = 0 \quad .$$

(5) <u>Ist Q maximal parabolisch, aber nicht von demselben Typ wie</u> P, so gilt

$$r^2_Q([E(\phi,\Lambda_o)]) = [\underline{\underline{c}}(s,\Lambda_o)_{s\Lambda_o}(\phi_{\Lambda_o})]|e'(Q)$$

<u>wobei</u> s <u>das einzige Element in</u> $W(A_P,A_Q)$ <u>bezeichnet</u>.

<u>ad</u> (1): Die Holomorphie der Eisensteinreihe $E(\phi,\Lambda)$ im Punkte $\Lambda_o = -w_j(\rho)|_{\underline{a}_i} = 0$ folgt aus 5.7., da Λ_o auf der "imaginären Achse" liegt.

<u>ad</u> (2): Die Behauptung folgt aus 4.11.(2).

<u>ad</u> (3) - (5): Ist Q maximal parabolisch, so enthält $W(A_P,A_Q)$ nur ein einziges Element s. Wegen 4.11.(3) sichert das schon (5). Ist nun $Q = P$, so ist s die identische Transformation, und (3) folgt aus 4.11.(6). Die Behauptung (4) wird analog zu dem Vorgehen im Fall (a) des Beweises von 8.2.(3) gezeigt.

8.5. <u>Bemerkungen</u>. (1) Das Gewicht der Klasse $[\underline{\underline{c}}(s,\Lambda_o)_{s\Lambda_o}(\phi_{\Lambda_o})]|e'(Q)$ in 8.4.(5) ist im Falle $Q = P_j$ gerade $w_i(\rho)-\rho$. Ein Argument (cf. die Diskussion nach 8.2.(6)) wie im Fall (b) des Beweises von 8.2.(3) ist deshalb hier unmöglich. In der Tat ist es so, daß diese Klasse in vielen Fällen nicht-trivial ist.

(2) Ebenso wie 8.2. läßt sich 8.4. für den Fall nicht-trivialer Koeffizienten (τ,E_λ) modifizieren (cf. 5.6., 6.7.). Für die Restriktionen von $[E(\phi,\Lambda_o)]$ mit $\Lambda_o = -w_j(\lambda+\rho)-\rho|_{\underline{a}_i}$ gelten dieselben Aussagen.

8.6. Wir bestimmen jetzt, welcher Beitrag durch die in 8.2. und 8.4. konstruierten Eisensteinkohomologieklassen zur Kohomologie $H^*(\Gamma\backslash X;\mathbb{C})$ geleistet wird. Hierzu erinnern wir an die folgenden Tatsachen, die sich unmittelbar aus allgemeinen Ergebnissen zur Kohomologie von Γ oder leichten topologischen Schlüssen ergeben. Die virtuelle kohomologische Dimension

$\mathrm{vcd}(\Gamma)$ einer Untergruppe $\Gamma \subset SL_3(\mathbb{Z})$ von endlichem Index ist drei ([17], 11.4), also hat man

(1) $$H^q(\Gamma\backslash X;\mathbb{C}) = 0 \quad , \quad q > 3 \ .$$

Weiterhin gilt, wegen [4], § 16, $H_1(\Gamma;\mathbb{C}) = 0$ und deshalb einerseits auch

(2) $$H^1(\Gamma\backslash X;\mathbb{C}) = 0 \ ,$$

und andererseits via Dualität für kompakte Mannigfaltigkeiten mit Rand

(3) $$H^4(\Gamma\backslash\overline{X},\partial(\Gamma\backslash\overline{X});\mathbb{C}) = 0 \ .$$

Untersucht man nun den Restriktionshomomorphismus r^* in der langen exakten Kohomologiesequenz

(4) $$\to H^*(\Gamma\backslash\overline{X},\partial(\Gamma\backslash\overline{X});\mathbb{C}) \longrightarrow H^*(\Gamma\backslash\overline{X};\mathbb{C}) \xrightarrow{r^*} H^*(\partial(\Gamma\backslash\overline{X});\mathbb{C}) \to$$

des Paares $(\Gamma\backslash\overline{X},\partial(\Gamma\backslash\overline{X}))$, so folgt aus (3):

(5) r^3 ist surjektiv.

Weil das Bild von r^2 ein maximal isotroper Unterraum von $H^2(\partial(\Gamma\backslash\overline{X});\mathbb{C})$ bezüglich einer mittels Poincare-Dualität definierten Paarung ist ($\dim \Gamma\backslash\overline{X} = 2 \cdot 2 + 1$), gilt für die Dimension des Bildes von r^2 die Beziehung

(6) $$\dim \operatorname{Im} r^2 = (1/2) \cdot \dim H^2(\partial(\Gamma\backslash\overline{X});\mathbb{C}) \ .$$

Weiterhin ist nach (2) r^1 trivial. Der Raum $\Gamma\backslash\overline{X}$ ist zusammenhängend, also $H^0(\Gamma\backslash\overline{X};\mathbb{C}) \cong \mathbb{C}$, und r^0 ist injektiv, da $H^0(\Gamma\backslash\overline{X},\partial(\Gamma\backslash\overline{X});\mathbb{C}) = 0$ gilt.

Das Bild der Kohomologie $H_c^*(\Gamma\backslash X;\mathbb{C}) \cong H^*(\Gamma\backslash\overline{X},\partial(\Gamma\backslash\overline{X});\mathbb{C})$ mit kompaktem Träger von $\Gamma\backslash X$ in $H^*(\Gamma\backslash X;\mathbb{C})$ unter der natürlichen Abbildung wurde mit $H_!^*(\Gamma\backslash X;\mathbb{C})$ bezeichnet. Man erhält aus (4) die kurze exakte Sequenz

(7) $$0 \to H_!^*(\Gamma\backslash X;\mathbb{C}) \to H^*(\Gamma\backslash X;\mathbb{C}) \to \operatorname{Im} r^* \to 0 \ .$$

Unter Verwendung des Ergebnisses von Wallach ([61], Theorem 4.3.), daß eine unitäre irreduzible temperierte Darstellung, die als Summand im diskreten Spektrum $L^2_{dis}(\Gamma\backslash G)$ vorkommt, schon mit der vollen Multiplizität im cuspidalen Spektrum $L^2_o(\Gamma\backslash G)$ vorkommt, und der Tatsache, daß neben der trivialen Darstellung bis auf Äquivalenz genau eine irreduzible unitäre Darstellung (π_o, H_o) von $G = SL_3(\mathbb{R})$ mit nicht-trivialer $(\underline{g},K)$-Kohomologie $H^*(\underline{sl}_3, SO(3), H_o^\infty)$ existiert (und π_o temperiert ist) haben wir in [40], 1.8. gezeigt, daß die Spitzenkohomologie $H^q_{cusp}(\Gamma,X;\mathbb{C}) = H^q(\underline{g},K;L^2_o(\Gamma\backslash G) \otimes \mathbb{C})$ mit dem Raum $\underline{H}^q_{(2)}(\Gamma,X;\mathbb{C})$ der quadratintegrierbaren harmonischen Differentialformen auf $\Gamma\backslash X$ (cf. 1.6.) für $q > o$ zusammenfällt. Berücksichtigt man nun die Inklusion $H^*_{cusp}(\Gamma,X;\mathbb{C}) \subset H^*_!(\Gamma\backslash X;\mathbb{C})$ (cf. [11], 5.5) resp. daß eine Differentialform mit kompaktem Träger auch quadratintegrierbar ist, so folgt

$$(8) \qquad H^q_{cusp}(\Gamma,X;\mathbb{C}) = H^q_!(\Gamma\backslash X;\mathbb{C}) = \underline{H}^q_{(2)}(\Gamma,X;\mathbb{C}) \quad , \quad q \neq o \ .$$

Man erhält so aus (7) die kurze exakte Sequenz

$$(9) \qquad o \to H^q_{cusp}(\Gamma,X;\mathbb{C}) \to H^q(\Gamma\backslash\overline{X};\mathbb{C}) \to \mathrm{Im}\, r^q \to o \quad , \quad q \neq o \ .$$

Wir bemerken noch (cf. [40], 1.8.), daß die Dimension von $H^q_{cusp}(\Gamma,X;\mathbb{C})$, $q = 2,3$, gerade die Multiplizität $m(\pi_o,\Gamma)$ ist, mit der die irreduzible unitäre Darstellung (π_o,H_o) im cuspidalen Spektrum $L^2_o(\Gamma\backslash G)$ vorkommt; für $q \neq 2,3$ existiert keine Spitzenkohomologie. Da die Eulercharakteristik $\chi(\Gamma)$ von Γ verschwindet (cf. [17], Proposition 11.3.), folgt deshalb mit (9) aus (2), (5) und der Tatsache, daß $r^o : H^o(\Gamma\backslash\overline{X};\mathbb{C}) \to H^o(\partial(\Gamma\backslash\overline{X}),\mathbb{C}) \cong \mathbb{C}$ ein Isomorphismus ist, die Beziehung

$$(10) \qquad \dim \mathrm{Im}\, r^2 + 1 = \dim \mathrm{Im}\, r^3 = \dim H^3(\partial(\Gamma\backslash\overline{X});\mathbb{C}) \ .$$

Der letzte Ausdruck kann aus der in 7.6. angegebenen Berechnung von $H^3(\partial(\Gamma\backslash\overline{X}),\mathbb{C})$ bestimmt werden. (Die Formel (10) kann natürlich auch daraus abgeleitet werden.)

Wir ordnen nun in diesen Rahmen die in 8.2. und 8.4. konstruierten Eisensteinkohomologieklassen ein.

8.7. SATZ. Sei P_{ik}, $i = 1,2$; $k = 1,\dots,\ell_i$, ein vollständiges Repräsentantensystem der Γ-Konjugationsklassen von maximal parabolischen $\mathbb{Q}$-Untergruppen von $G = SL_3(\mathbb{R})$, wobei P_{ik} vom Typ i ist. Sei $H^q_{max}(\Gamma,X;\mathbb{C})$, $q = 2,3$, der Unterraum von $H^q(\Gamma,X;\mathbb{C})$, der durch die Eisensteinkohomologieklassen $[E(\phi,\Lambda_o)]$, $[\phi] \in H^q_{cusp}(e'(P_{ik});\mathbb{C})$, $i = 1,2$; $k = 1,\dots,\ell_i$, erzeugt wird, die durch 8.2. resp. 8.4. einer Spitzenkohomologieklasse auf $e'(P_{ik})$ zugeordnet sind.

(1) Unter der natürlichen Restriktion $r^* : H^*(\Gamma\backslash\overline{X};\mathbb{C}) \to H^*(\partial(\Gamma\backslash\overline{X}),\mathbb{C})$ wird $H^3_{max}(\Gamma,X;\mathbb{C})$ isomorph auf $\bigoplus_{i,k} H^3_{cusp}(e'(P_{ik}),\mathbb{C})$ abgebildet.

(2) Für die Dimension von $H^2_{max}(\Gamma,X;\mathbb{C})$ gilt

$$\dim H^2_{max}(\Gamma,X;\mathbb{C}) \geq \sum_{k=1}^{\ell} \dim H^2_{cusp}(e'(P_{1k}),\mathbb{C})$$

wobei wir oBdA $\ell = \ell_1 = \max_i(\ell_i)$ angenommen haben. Dabei bezeichnet ℓ_i die Anzahl der Γ-Konjugationsklassen von maximal parabolischen $\mathbb{Q}$-Untergruppen von G vom Typ i.

Dies folgt sofort aus 8.2.(2) - (4) resp. 8.4.(2) - (5) und der Tatsache, daß wegen 7.6. jedes $H^q_{cusp}(e'(P_{ik}),\mathbb{C})$ als direkter Summand in $H^q(\partial(\Gamma\backslash\overline{X});\mathbb{C})$ vorkommt.

8.8. Bemerkung. Sei $\Gamma(m)$, $m \geq 3$, die volle Kongruenzuntergruppe von $SL_3(\mathbb{Z})$ zur Stufe m ; da nach 7.5. die $\Gamma(m)$-Konjugationsklassen von parabolischen $\mathbb{Q}$-Untergruppen von G vom Typ i durch die Nebenklassen ${}_fSL/{}_fP_i \cong SL_3(\mathbb{Z}/m\mathbb{Z})/{}_fP_i$ parametrisiert sind, gilt $\ell_1 = \ell_2$. Bezeichnet nun $p(m)$ die Anzahl der $\Gamma(m)$-Konjugationsklassen von maximalen parabolischen $\mathbb{Q}$-Untergruppen von G, i.e. $p(m) = \ell_1 + \ell_2$, so folgt wegen $H^2_{cusp}(e'(P),\mathbb{C}) \cong H^1_{cusp}(\Gamma(m)_M\backslash Z_M,E_o)$ resp. $H^3_{cusp}(e'(P),\mathbb{C}) \cong$ $\cong H^1_{cusp}(\Gamma(m)_M\backslash Z_M,\mathbb{C})$ (cf. 8.1.) für $P = P_{ik}$ aus 7.3.(6) resp. 7.3.(4) für die Dimension von $H^r_{max}(\Gamma(m),X;\mathbb{C})$ in 8.7.

(1) $$\dim H^3_{max}(\Gamma(m),X;\mathbb{C}) = 2 \cdot p(m) \cdot \dim S_2(\Gamma(2,m))$$

resp.

(2) $$\dim H^2_{max}(\Gamma(m),X;\mathbb{C}) \geq p(m) \cdot \dim S_3(\Gamma(2,m))$$

wobei $S_k(\Gamma(2,m))$, $k = 2,3$, den Raum der Spitzenformen vom Gewicht k im klassischen Sinn (cf. [55], § 2) bezüglich der vollen Kongruenzuntergruppe $\Gamma(2,m)$ zur Stufe m von $SL_2(\mathbb{Z})$ bezeichnet. Aus den Ergebnissen des § 9 ergibt sich sofort, daß in (2) sogar die Gleichheit gilt (cf. 9.7. und berücksichtige 8.6.(6) resp. die Bestimmung von $H^2(\partial(\Gamma(m)\backslash\overline{X}),\mathbb{C})$ in 7.6.(3)). Zu gegebenem m ist die Dimension von $S_k(\Gamma(2,m))$ wohlbekannt (cf. [55], Theorem 2.25). Die Zahl $p(m)$ läßt sich leicht aus der Charakterisierung als das Zweifache der Anzahl der Nebenklassen ${}_fSL/{}_fP_1$ ableiten. Ist z. B. $q = m$ eine Primzahl, so gilt

(3) $$p(q) = q^3 - 1 \quad .$$

Die Dimension von $S_k(\Gamma(2,q))$ findet sich in 7.3.(5) resp. 7.3.(7).

§ 9 Die Eisensteinkohomologie arithmetisch definierter Untergruppen von $SL_3/\mathbb{Q}$

Das Ziel dieses Paragraphen ist es, zu erläutern, wie man nun unter Verwendung früherer, in [48] angegebener Resultate über Eisensteinreihen, die Spitzenformen auf $e'(P)$, $P \in \Gamma\backslash\underline{\underline{P}}$ eine minimal parabolische $\mathbb{Q}$-Untergruppe von $G = SL_3(\mathbb{R})$, zugeordnet sind, eine vollständige Beschreibung der Kohomologie $H^*(\Gamma,X;\mathbb{C})$ durch automorphe Formen erhält. Die dabei eingehenden Ergebnisse sind ein Spezialfall zum Teil bisher unveröffentlichter Resultate über Eisensteinkohomologieklassen bezüglich Kongruenzuntergruppen von $SL_n(\mathbb{Q})$, die zu Spitzenformen auf Seiten $e'(B)$ in $\partial(\Gamma\backslash\overline{X})$ korrespondieren, wobei B eine minimal parabolische $\mathbb{Q}$-Untergruppe von $SL_n(\mathbb{Q})$ ist. Die Formulierung des gesamten Problems in der Sprache der Adele ist dabei hilfreich und sinnvoll. In dem vorliegenden Fall bedeutet dies geometrisch, daß man alle solche Seiten $e'(B)$ in $\partial(\Gamma\backslash\overline{X})$ zusammenfaßt und gleichzeitig behandelt. Dieser Zugang ist in meiner Arbeit [49] durchgeführt (cf. [27], [28]). Vom adelischen Standpunkt aus ist dort beschrieben, wie man einer Spitzenform ϕ_A am Rande eine Eisensteinreihe zuordnet, und es wurde unter gewissen Voraussetzungen an ϕ_A gezeigt, wie man durch die Auswertung dieser Eisensteinreihe an einer durch ϕ_A eindeutig bestimmten Stelle Λ_ϕ eine nicht-triviale Kohomologieklasse bezüglich Γ erhält. Wie in 5.1. dargestellt, wird das Holomorphieverhalten der Eisensteinreihe im Punkte Λ_ϕ dadurch studiert, daß man globale Verkettungsoperatoren, i.e. die adelische Version der $\underline{\underline{c}}(s,\Lambda)$, explizit berechnet. Die sich dabei herausstellende enge Verknüpfung mit Werten von L-Funktionen und die Untersuchung lokaler Operatoren erlauben dann eine präzise Beantwortung der Frage nach der Existenz eines Poles an der Stelle Λ_ϕ. Es zeigt sich dabei, daß die benötigte arithmetische Information zur Entscheidung dieser Frage im Vergleich zu den Paragraphen 5 und 6 wesentlich reichhaltiger sein muß und deshalb die verwendeten Methoden feiner sein müssen.

Um die methodische Einheitlichkeit der vorliegenden Arbeit zu wahren (und ihre Ausdehnung auf ein angemessenes Maß zu begrenzen), verzichten wir deshalb hier auf einen adelischen Aufbau der Theorie analog zum Inhalt von § 3 und § 4 und beschränken uns darauf, in dem gegebenen Spezialfall einer Kongruenzuntergruppe Γ von $SL_3(\mathbb{Q})$ die benötigten Ergebnisse darzustellen und zu erläutern. Vollständige Beweise für einen Teil der Resultate finden sich in [49]; auf der Grundlage eines gegenüber [49] überarbeiteten adelischen Aufbaus der Theorie zur Konstruktion von Eisensteinkohomologieklassen (i.e. ein zu 4.11. analoges Theorem) werden die noch offenen Beweise dann in einer folgenden Arbeit für SL_n durchgeführt. Auf jeden Fall skizzieren wir hier die Beweisideen.

9.1. Der ${}_fP_o$-Modul $H^*(e'(P_o),\mathbb{C})$. Sei $\Gamma(m)$ die volle Kongruenzuntergruppe von $SL_3(\mathbb{Z})$ zur Stufe $m \geq 3$. Im Rand $\partial(\Gamma(m)\backslash\overline{X})$ der Borel-Serre Kompaktifizierung von $\Gamma(m)\backslash X$ hatten wir in 7.5. die Seiten $e'(B)$, die zu den $\Gamma(m)$-Konjugationsklassen von minimalen parabolischen $\mathbb{Q}$-Untergruppen von $G = SL_3(\mathbb{R})$ gehören, äquivariant diffeomorph identifiziert mit dem ${}_fSL$-Raum $Y_o = {}_fSL \underset{{}_fP_o}{\times} e'(P_o)$. In der Kohomologie erhält man einen Isomorphismus von ${}_fSL$-Moduln

$$(1) \qquad H^*(Y_o,\mathbb{C}) \cong \mathrm{Ind}_{{}_fP_o}^{{}_fSL}[H^*(e'(P_o),\mathbb{C})] .$$

Wir beginnen die Untersuchung dieses Moduls damit, $H^*(e'(P_o),\mathbb{C})$ als ${}_fP_o$-Modul zu studieren. Sei $\underline{T}$ der maximale Torus der Diagonalmatrizen in $SL_3/\mathbb{Q}$; bezeichnet $T = \underline{T}(\mathbb{R})$ die Gruppe der reellen Punkte, so hat man $T^o = A_o$, und P_o zerlegt sich als semidirektes Produkt $P_o = T \cdot N_o$ resp. $T = {}^oM_o \cdot A_o$. Nach 7.4.(1) gilt für die T-Modulstruktur der Kohomologie

$$(2) \qquad H^q(e'(P_o),\mathbb{C}) = H^q(\underline{n}_o,\mathbb{C}) \cong \bigoplus_{\substack{w \in W \\ \ell(w) = q}} F_{w(\rho)-\rho} .$$

Da $N_o \cap SL_3(\mathbb{Z})$ trivial auf $H^*(\underline{n}_o,\mathbb{C})$ operiert, ist die Aktion von ${}_fP_o$ auf $H^*(\underline{n}_o,\mathbb{C})$ gegeben durch die Aktion von ${}_fP_o \cap {}_fT = {}_fM_o$, i.e. durch die Aktion von d_1,d_2, die wir jetzt als Elemente von ${}_fP_o$ ansehen (cf. 7.1.(3), 7.5.(6)). Bezeichne mit $\eta_o = 1$ die triviale resp. mit (η_i,F_{η_i}), $i = 1,2$, die eindimensionale Darstellung von ${}_fP_o$ in dem $\mathbb{C}$-Vektorraum F_{η_i}, die man durch Zurückziehen der eindimensionalen Darstellung von ${}_fM_o = \{1,d_1,d_2,d_1\circ d_2\}$ erhält, wobei d_i trivial operiert und d_j, $j \neq i$, $j \in \{1,2\}$, durch Multiplikation mit (-1). Da $-\alpha_i(d_i) = 1$ resp. $-\alpha_i(d_j) = -1$, $j \neq i$, $i,j \in \{1,2\}$ gilt, folgt für die ${}_fP_o$-Modulstruktur

$$(3) \qquad F_{w_i(\rho)-\rho} \cong F_{\eta_i} \quad \text{resp.} \quad F_{w_{P_i}(\rho)-\rho} \cong F_{\eta_i}, \quad i = 1,2$$

und damit aus (2)

$$(4) \qquad H^q(e'(P_o),\mathbb{C}) = \begin{cases} \mathbb{C} & q = 0,3 \\ F_{\eta_1} \oplus F_{\eta_2} & q = 1,2 \\ 0 & \text{sonst} \end{cases} .$$

Dies führt uns dazu, $\operatorname{Ind}_{{}_fP_o}^{{}_fSL}[\eta_i]$, $i = 0,1,2$, zu betrachten.

Wir bezeichnen den durch Reduktion von $w(\rho)-\rho$ auf ${}^o\underline{T}(\mathbb{R}) = \{1,d_1,d_2,d_1\circ d_2\}$ erhaltenen Charakter mit η_w. Wie wir gesehen haben bestimmt dieser Charakter eindeutig die Struktur von $F_{w(\rho)-\rho}$ als ${}_fP_o$-Modul. Wir werden deshalb gelegentlich auch η_w für den entsprechenden Charakter η_i auf ${}_fP_o$ schreiben.

9.2. Eine geeignete Zerlegung von $\operatorname{Ind}_{{}_fP_o}^{{}_fSL}[\mathbb{C}]$ als ${}_fSL$-Modul. Wir zerlegen nun $\operatorname{Ind}_{{}_fP_o}^{{}_fSL}[\mathbb{C}]$ in ${}_fSL$-Untermoduln und erhalten daraus eine Charakterisierung des verallgemeinerten Steinbergmoduls $\widetilde{St}$ bezüglich $\Gamma(m)$. Die Motivation hierzu ergibt sich aus der Berechnung in 7.6. der Kohomologie $H^*(\partial(\Gamma(m)\backslash\overline{X}),\mathbb{C})$ des Randes der Borel-Serre-Kompaktifizierung als ${}_fSL$-Modul. Im Grad 3 ergab sich dabei $\widetilde{St}$ als ${}_fSL$-Untermodul von $H^3(\partial(\Gamma(m)\backslash\overline{X}),\mathbb{C})$. Andererseits haben wir in 9.1. gesehen, daß $H^3(Y_o,\mathbb{C}) \cong \operatorname{Ind}_{{}_fP_o}^{{}_fSL}[\mathbb{C}]$ gilt.

Wir formulieren die Zerlegung dieses Moduls in einer Weise, an der unmittelbar sichtbar wird, daß das Ergebnis nur ein Spezialfall einer analogen Zerlegung im Falle $SL_n(\mathbb{Z}/m\mathbb{Z})$ ist, deren Konstruktion sich sofort ergibt. Die Notwendigkeit zu dieser Zerlegung erschließt sich in natürlicher Weise aus dem Verhalten der Eisensteinreihen in der adelischen Formulierung (cf. 9.6.).

Wir legen zuerst einige Notationen fest. Hat die Stufe m , $m \geq 3$, der vorgegebenen Kongruenzuntergruppe $\Gamma(m)$ die Primfaktorzerlegung $m = \prod_{\ell} p_{\ell}^{\nu_\ell}$, $\nu_\ell \in \mathbb{N}$, so ist $_fSL = SL_3(\mathbb{Z}/m\mathbb{Z})$ direktes Produkt der Gruppen $G_p := SL_3(\mathbb{Z}/p_\ell^{\nu_\ell}\mathbb{Z})$. Wir bezeichnen die verschiedenen standard parabolischen Untergruppen von $_fSL$ mit

$$_fB = \left\{\begin{vmatrix} * & * & * \\ & * & * \\ & & * \end{vmatrix}\right\} , \quad _fQ_1 = \left\{\begin{vmatrix} * & * & * \\ * & * & * \\ 0 & 0 & * \end{vmatrix}\right\} , \quad _fQ_2 = \left\{\begin{vmatrix} * & * & * \\ 0 & * & * \\ 0 & * & * \end{vmatrix}\right\} .$$

Mit $_fB_p$ resp $_fQ_{i,p}$, $i = 1,2$, werden die entsprechenden Untergruppen von G_p bezeichnet. Der Torus $_fT$ der Diagonalmatrizen in $_fSL$ läßt sich schreiben als direktes Produkt $_fT = {_fT_1} \times {_fT_2}$, wobei

$$_fT_1 = \left\{\begin{vmatrix} t & & \\ & t^{-1} & \\ & & 1 \end{vmatrix} \in {_fSL} \,\middle|\, t \in (\mathbb{Z}/m\mathbb{Z})^*\right\} , \quad _fT_2 = \left\{\begin{vmatrix} 1 & & \\ & t & \\ & & t^{-1} \end{vmatrix} \in {_fSL} \,\middle|\, t \in (\mathbb{Z}/m\mathbb{Z})^*\right\} .$$

An der Stelle p hat man die analoge Zerlegung als direktes Produkt $_fT_p = {_fT_{1,p}} \times {_fT_{2,p}}$. Für jeden Charakter $\chi : {_fT} = {_fB_o}/{_fN_o} \to \mathbb{C}^*$ hat man

$$(1) \qquad \chi = \bigotimes_{p|m} \chi_p$$

wobei $\chi_p : {_fT_p} \to \mathbb{C}^*$ ein Charakter ist, der eindeutig durch χ bestimmt ist, und χ_p läßt sich ebenfalls schreiben als $\chi_p = \chi_{p,1} \otimes \chi_{p,2}$, das wir der Unterscheidung wegen jedoch in der Form

$$(2) \qquad \chi_p = (\chi_{p,1}, \chi_{p,2}) \quad \text{mit} \quad \chi_{p,i} : {_fT_{i,p}} \to \mathbb{C}^*$$

notieren. Da wir vorerst nur mit endlichen Gruppen arbeiten werden, lassen wir an einer Stelle p zur Vereinfachung den Index f weg, i.e. ${}_fB_p = B_p$, ${}_fQ_{i,p} = Q_{i,p}$ etc.. Wir führen noch die folgende Schreibweise ein: Einer Teilmenge $\Theta_p \subset \{1,2\}$ ordnen wir die parabolische Untergruppe P_{Θ_p} von G_p zu, die gegeben ist als

$$(3) \qquad P_{\Theta_p} = \begin{cases} B_p & \text{für } \Theta_p = \emptyset \\ Q_{i,p} & \text{für } \Theta_p = \{i\} \\ G_p & \text{für } \Theta_p = \{1,2\} \end{cases} .$$

Ist $\eta : {}_fP_o/{}_fN_o = {}_fM_o \to \mathbb{C}^*$ ein vorgegebener Charakter, so sei

$$(4) \qquad \hat{T}(\eta) = \{\chi : {}_fB_o/{}_fN_o \to \mathbb{C}^* \mid \chi \text{ Charakter }, \chi|_{{}_fP_o} = \eta\}$$

i.e. die Menge der Charaktere χ, deren Restriktion auf ${}_fP_o$ mit η übereinstimmt. Aus der Zerlegung $\mathrm{Ind}_{{}_fP_o}^{{}_fB}[\eta] \cong \bigoplus_{\chi \in \hat{T}(\eta)} [\mathbb{C}_\chi]$ folgt für die nach 9.1. zu betrachtenden ${}_fSL$-Moduln (i.e. $\eta = \eta_o$ oder η_i, $i = 1,2,$)

$$(5) \qquad \mathrm{Ind}_{{}_fP_o}^{{}_fSL}[\eta] \cong \bigoplus_{\chi \in \hat{T}(\eta)} \mathrm{Ind}_{{}_fB}^{{}_fSL}[\chi] ,$$

und jeder Summand der rechten Seite schreibt sich als

$$(6) \qquad \mathrm{Ind}_{{}_fB}^{{}_fSL}[\chi] = \bigotimes_{p|m} \mathrm{Ind}_{B_p}^{G_p}[\chi_p] .$$

Wir werden nun zuerst die G_p-Moduln $\mathrm{Ind}_{B_p}^{G_p}[\chi_p]$ in geeigneter Weise zerlegen, wobei χ_p eine Komponente von $\chi = \bigotimes_{p|m} \chi_p \in \hat{T}(\eta_o)$ ist, i.e. wir setzen $\chi|_{{}_fP_o} = 1$ voraus. Dazu definieren wir die Indexmenge

$$(7) \qquad \Theta(\chi_p) := \{i \in \{1,2\} \mid \chi_{p,i} = 1\} ;$$

dieser ist nach (3) eindeutig eine parabolische Untergruppe $P_{\Theta(\chi_p)}$ von G_p zugeordnet. Man bemerkt nun, daß sich der Charakter $\chi_p : B_p/N_p \to \mathbb{C}^*$ zu einem Charakter $\tilde{\chi}_p : P_{\Theta(\chi_p)} \to \mathbb{C}^*$ auf $P_{\Theta(\chi_p)}$ erweitert. Wir erhalten damit (cf. [53], 3.3., exemple 5)

$$(8) \qquad \mathrm{Ind}_{B_p}^{P_{\Theta(\chi_p)}}[\chi_p] \cong \mathrm{Ind}_{B_p}^{P_{\Theta(\chi_p)}}[\mathbb{C}] \otimes \tilde{\chi}_p \ .$$

Für zwei Teilmengen $\Theta_p \subset \Theta'_p$ der Indexmenge $\{1,2\}$ definieren wir einen $P_{\Theta'_p}$-Modul durch den folgenden Quotienten

$$(9) \qquad W_{\Theta_p}^{\Theta'_p}[\mathbb{C}] := \mathrm{Ind}_{P_{\Theta_p}}^{P_{\Theta'_p}}[\mathbb{C}] \Big/ \bigoplus_{\substack{\pi \subset \Theta'_p \\ \pi \supsetneq \Theta_p}} \mathrm{Ind}_{P_\pi}^{P_{\Theta'_p}}[\mathbb{C}] \ .$$

Ist nun in der in (8) betrachteten Situation eine Teilmenge $\Omega(\chi_p) \subset \Theta(\chi_p)$ gegeben, so korrespondiert zu dem Paar $\Omega(\chi_p) \subset \Theta(\chi_p)$ ein zu $W_{\Omega(\chi_p)}^{\Theta(\chi_p)}[\mathbb{C}]$ isomorpher $P_{\Theta(\chi_p)}$-Untermodul von $\mathrm{Ind}_{P_{\Omega(\chi_p)}}^{P_{\Theta(\chi_p)}}[\mathbb{C}]$, den wir der Einfachheit halber ebenfalls mit $W_{\Omega(\chi_p)}^{\Theta(\chi_p)}[\mathbb{C}]$ bezeichnen. Wir setzen

$$(10) \qquad W_{\Omega(\chi_p)}^{\Theta(\chi_p)}[\chi_p] := W_{\Omega(\chi_p)}^{\Theta(\chi_p)}[\mathbb{C}] \otimes \tilde{\chi}_p$$

resp.

$$(11) \qquad V_{\Omega(\chi_p)}^{\Theta(\chi_p)}[\chi_p] := \mathrm{Ind}_{P_{\Theta(\chi_p)}}^{G_p}[W_{\Omega(\chi_p)}^{\Theta(\chi_p)}[\chi_p]] \ .$$

Mit (8) liefert uns das eine Zerlegung

$$\mathrm{Ind}_{B_p}^{P_{\Theta(\chi_p)}}[\chi_p] \cong \Big(\bigoplus_{\Omega(\chi_p) \subset \Theta(\chi_p)} W_{\Omega(\chi_p)}^{\Theta(\chi_p)}[\mathbb{C}]\Big) \otimes \tilde{\chi}_p$$

$$\cong \bigoplus_{\Omega(\chi_p) \subset \Theta(\chi_p)} W_{\Omega(\chi_p)}^{\Theta(\chi_p)}[\chi_p] \ .$$

Man erhält so eine für unsere Zwecke günstige Zerlegung von $\mathrm{Ind}_{B_p}^{G_p}[\chi_p]$ in G_p-Untermoduln (diese ist offenbar i.a. gröber als die Zerlegung in irreduzible Komponenten):

$$(12)\qquad \mathrm{Ind}_{B_p}^{G_p}[\chi_p] \cong \mathrm{Ind}_{P_{\Theta(\chi_p)}}^{G_p}[\mathrm{Ind}_{B_p}^{P_{\Theta(\chi_p)}}[\chi_p]]$$

$$\cong \bigoplus_{\Omega(\chi_p)\subset\Theta(\chi_p)} V_{\Omega(\chi_p)}^{\Theta(\chi_p)}[\chi_p] \ .$$

Aus der Formulierung der Konstruktion wird unmittelbar ersichtlich wie man im Fall $SL_n(\mathbb{Z}/p^\nu\mathbb{Z})$ vorzugehen hat. Wir illustrieren die Zerlegung (12) in den drei hier möglichen Fällen.

<u>Beispiele</u>: <u>a</u>: Ist $\Theta(\chi_p) = \emptyset$ die leere Menge, i.e. $\chi_{p,i}$ ist nicht trivial für alle $i = 1,2$, so ist $P_{\Theta(\chi_p)} = B_p$. Da $W_{\Theta(\chi_p)}^{\Theta(\chi_p)}[\chi_p] \cong \mathbb{C}_{\chi_p}$ gilt, erhält man die tautologische Aussage

$$(13)\qquad \mathrm{Ind}_{B_p}^{G_p}[\chi_p] \cong V_{\Theta(\chi_p)}^{\Theta(\chi_p)}[\chi_p]$$

i.e. es wird nicht weiter zerlegt.

<u>b</u>: Ist $\Theta(\chi_p) = \{i\}$, i.e. $\chi_{p,j} \neq 1$ für $j \neq i$ und $\chi_{p,i} = 1$, so ist $P_{\Theta(\chi_p)} = Q_{i,p}$. Man erhält als Zerlegung

$$(14)\qquad \mathrm{Ind}_{B_p}^{G_p}[\chi_p] \cong V_{\emptyset}^{\{i\}}[\chi_p] \oplus V_{\{i\}}^{\{i\}}[\chi_p] \quad ,$$

wobei

$$(15)\qquad V_{\{i\}}^{\{i\}}[\chi_p] \cong \mathrm{Ind}_{Q_{i,p}}^{G_p}[\tilde{\chi}_p] \quad \text{resp.} \quad V_{\emptyset}^{\{i\}}[\chi_p] = \mathrm{Ind}_{Q_{i,p}}^{G_p}[W_{\emptyset}^{\{i\}}[\chi_p]]$$

mit $W_{\emptyset}^{\{i\}}[\chi_p] \cong (\mathrm{Ind}_{B_p}^{Q_{i,p}}[\mathbb{C}]/[\mathbb{C}]) \otimes \tilde{\chi}_p$ gilt.

<u>c</u>: Ist $\Theta(\chi_p) = \{1,2\}$, i.e. χ_p ist der triviale Charakter, so ist $P_{\Theta(\chi_p)} = G_p$. Man erhält als Zerlegung

$$(16)\qquad \mathrm{Ind}_{B_p}^{G_p}[\mathbb{C}] \cong V_{\emptyset}^{\{1,2\}}[\mathbb{C}] \oplus (\bigoplus_{i=1}^{2} V_{\{i\}}^{\{1,2\}}[\mathbb{C}]) \oplus V_{\{1,2\}}^{\{1,2\}}[\mathbb{C}]$$

wobei der erste (resp. der letzte) Summand isomorph zur Steinberg-Darstellung (resp. zur trivialen Darstellung) von G_p ist, und $V_{\{i\}}^{\{1,2\}}[\mathbb{C}] \cong$ $\cong \mathrm{Ind}_{Q_{i,p}}^{G_p}[\mathbb{C}]/[\mathbb{C}]$ gilt.

Setzt man nun die lokalen Ergebnisse zusammen, so erhält man aus (12) wegen (5), (6)

$$(17) \qquad \mathrm{Ind}_{{}_fP_o}^{{}_fSL}[\mathbb{C}] \cong \bigoplus_{\chi \in \hat{T}(\eta_o)} \Big(\bigotimes_{p|m} \mathrm{Ind}_{B_p}^{G_p}[\chi_p]\Big)$$

$$\cong \bigoplus_{\chi \in \hat{T}(\eta_o)} \Big(\bigotimes_{p|m} \Big(\bigoplus_{\Omega(\chi_p) \subset \Theta(\chi_p)} V_{\Omega(\chi_p)}^{\Theta(\chi_p)}[\chi_p]\Big)\Big) .$$

9.3. Eine Charakterisierung des verallgemeinerten Steinberg-Moduls.

In 7.6.(5) hatten wir den verallgemeinerten Steinberg-Modul $\widetilde{St}$ für ${}_fSL$ durch die exakte Sequenz

$$(1) \qquad 0 \to \mathbb{C} \to \bigoplus_{i=1,2} \mathrm{Ind}_{{}_fP_i}^{{}_fSL}[\mathbb{C}] \to \mathrm{Ind}_{{}_fP_o}^{{}_fSL}[\mathbb{C}] \to \widetilde{St} \to 0$$

definiert. Wir wollen nun $\widetilde{St}$ bezüglich der Zerlegung 9.2.(17) in geeigneter Weise charakterisieren. Dazu konstruieren wir zuerst eine zu 9.2.(17) analoge Zerlegung für die ${}_fSL$-Moduln $\mathrm{Ind}_{{}_fP_i}^{{}_fSL}[\mathbb{C}]$. Bezeichne mit $\hat{T}_j(\eta_o)$ $(i,j \in \{1,2\}, j \neq i)$ die Menge der Charaktere $\chi_j : {}_fQ_i/{}_fP_i \cong {}_fT_j/{}_fP_i \cap {}_fT_j \to \mathbb{C}^*$, i.e. $\chi_{j\,|{}_fP_i} = 1$. Man bemerke, daß man ein solches χ_j auch als den Charakter $\tilde{\chi}$ auffassen kann, den man erhält, wenn man einen Charakter $\chi = (\chi_1,\chi_2) : {}_fB/{}_fN_o \cong {}_fT = {}_fT_1 \times {}_fT_2 \to \mathbb{C}^*$, der trivial auf ${}_fT_i$ ist resp. ${}_fP_i \cap {}_fT_j$, zu einem Charakter auf ${}_fQ_i$ erweitert. Dann gilt

$$(2) \qquad \mathrm{Ind}_{{}_fP_i}^{{}_fSL}[\mathbb{C}] \cong \bigoplus_{\chi_j \in \hat{T}_j(\eta_o)} \mathrm{Ind}_{{}_fQ_i}^{{}_fSL}[\chi_j]$$

$$= \bigoplus_{\chi_j \in \hat{T}_j(\eta_o)} \Big(\bigotimes_{p|m} \mathrm{Ind}_{Q_{i,p}}^{G_p}[\chi_{j,p}]\Big)$$

in der offensichtlichen Notation. Wir setzen für $\chi_j \in \hat{T}_j(\eta_o)$

(3) $\Theta(\chi_{j,p}) := \{k \in \{1,2\} \mid \chi_{j,p|T_{k,p}} = 1\}$.

Wegen $\chi_{j|_f P_i} = 1$ gilt offenbar stets $\{i\} \subset \Theta(\chi_{j,p})$, i.e. $\Theta(\chi_{j,p}) = \{i\}$ falls $\chi_{j,p} \neq 1$ resp. $\Theta(\chi_{j,p}) = \{1,2\}$ falls $\chi_{j,p} = 1$. Somit erhalten wir als Zerlegung für $\mathrm{Ind}_{Q_{i,p}}^{G_p} [\chi_{j,p}]$

(4) $$\mathrm{Ind}_{Q_{i,p}}^{G_p} [\chi_{j,p}] \cong V_{\{i\}}^{\{i\}}[\mathbb{C}] \otimes \chi_{j,p} \quad \text{falls} \quad \chi_{j,p} \neq 1$$

(5) $$\mathrm{Ind}_{Q_{i,p}}^{G_p} [\chi_{j,p}] \cong V_{\{i\}}^{\{1,2\}} [\mathbb{C}] \oplus V_{\{1,2\}}^{\{1,2\}}[\mathbb{C}] \quad \text{falls} \quad \chi_{j,p} = 1 \ .$$

Ordnet man der parabolischen Untergruppe $Q_{i,p}$ entsprechend 9.2.(3) die Indexmenge $\Theta_i = \{i\}$ zu, so lassen sich (4) und (5) zusammenfassend schreiben als

(6) $$\mathrm{Ind}_{Q_{i,p}}^{G_p} [\chi_{j,p}] \cong \bigoplus_{\Theta_i \subset \Omega(\chi_{j,p}) \subset \Theta(\chi_{j,p})} V_{\Omega(\chi_{j,p})}^{\Theta(\chi_{j,p})} [\chi_{j,p}] \ .$$

Ein Vergleich der in diesen Zerlegungen (4) und (5) vorkommenden G_p-Moduln mit den in 9.2.(13) - (16) vorkommenden führt dann mit (2) resp. 9.2.(17) zu der folgenden Charakterisierung des verallgemeinerten Steinberg-Moduls $\widetilde{St}$ von ${}_f SL$. Sei $m = \prod_{\ell=1}^{k} p_\ell^{\nu_\ell}$. Zu einem gegebenen Charakter $\chi \in \hat{T}(\eta_o)$, i.e. $\chi : {}_f B/{}_f N_o \to \mathbb{C}^*$ mit $\chi_{|_f P_o} = 1$ ist für jede Primzahl p , die m teilt, entsprechend $\chi = \bigotimes_{p|m} \chi_p$, die Indexmenge $\Theta(\chi_p) \subset \{1,2\}$ definiert. Wir setzen

(7) $$\Omega(\chi)^o := \left\{ (\Omega(\chi_{p_1}),\ldots,\Omega(\chi_{p_k})) \in \mathop{\times}_{1}^{k} \mathcal{P}(\{1,2\}) \,\middle|\, \Omega(\chi_{p_\ell}) \subset \Theta(\chi_{p_\ell}) \text{ für } \ell = 1,\ldots,k \text{ und } \bigcap_\ell \Omega(\chi_{p_\ell}) = \emptyset \right\}$$

i.e. $\Omega(\chi)^o$ ist die Menge aller k-Tupel von Teilmengen $\Omega(\chi_{p_\ell}) \subset \{1,2\}$, so daß $\Omega(\chi_{p_\ell}) \subset \Theta(\chi_{p_\ell})$ für alle ℓ und $\bigcap_\ell \Omega(\chi_{p_\ell}) = \emptyset$ gilt. Der verallgemeinerte Steinberg-Modul $\widetilde{St}$ ist dann als ${}_f SL$-Modul isomorph zu

(8) $\qquad \widetilde{St} \cong \bigoplus_{\chi \in \hat{T}(\eta_o)} \left(\bigoplus_{\Omega(\chi)^o} \left(\bigotimes_{p|m} V_{\Omega(\chi_p)}^{\Theta(\chi_p)}[\chi_p]\right)\right)$.

9.4. Eine Charakterisierung von $\mathrm{Ind}_{{}_f P_i}^{{}_f SL}[H^2(\underline{n}_i,\mathbb{C})]$ als Untermodul des ${}_f SL$-Moduls $\mathrm{Ind}_{{}_f P_o}^{{}_f SL}[\eta_i]$. Wir haben in 9.1. gesehen, daß für die Kohomologie $H^*(Y_o,\mathbb{C})$ als ${}_f SL$-Modul im Grad 2 gilt $H^2(Y_o,\mathbb{C}) \cong \mathrm{Ind}_{{}_f P_o}^{{}_f SL}[F_{\eta_1} \oplus F_{\eta_2}]$. Wir zeigen nun, daß sich der in der Kohomologie $H^*(\partial(\Gamma(m)\backslash\overline{X}),\mathbb{C})$ des Randes im Grad 2 vorkommende ${}_f SL$-Modul $\mathrm{Ind}_{{}_f P_i}^{{}_f SL}[H^2(\underline{n}_i,\mathbb{C})]$ als Untermodul in $H^2(Y_o,\mathbb{C})$ wiederfinden und in für unsere Zwecke geeigneter Weise charakterisieren läßt. Die Notwendigkeit zu dieser Charakterisierung erschließt sich wiederum (wie in 9.2.) aus dem Verhalten der Eisensteinreihen in der adelischen Formulierung (cf. 9.7.).

Wir behalten die bisher entwickelte Notation bei. Wir betrachten den ${}_f SL$-Modul $\mathrm{Ind}_{{}_f P_o}^{{}_f SL}[F_{\eta_i}]$, $i = 1,2$; zur Definition der 1-dimensionalen Darstellung (η_i, F_{η_i}) siehe man 9.1.. Analog zu dem Vorgehen in 9.2. erhält man eine Zerlegung

(1) $\qquad \mathrm{Ind}_{{}_f P_o}^{{}_f SL}[\eta_i] \cong \bigoplus_{\chi \in \hat{T}(\eta_i)} \left(\bigotimes_{p|m} \left(\bigoplus_{\Omega(\chi_p) \subset \Theta(\chi_p)} V_{\Omega(\chi_p)}^{\Theta(\chi_p)}[\chi_p]\right)\right)$.

Man beachte, daß wegen der definierenden Bedingung für $\hat{T}(\eta_i)$ (cf. 9.2. (4)), nämlich $\chi|_{{}_f P_o} = \eta_i$, stets $j \notin \bigcap_{p|m} \Theta(\chi_p)$ gilt.

Andererseits haben wir in 7.4.(2) gesehen, daß man für die Struktur von $H^2(\underline{n}_i,\mathbb{C})$ als ${}^oM_i \cdot A_i$-Modul hat

$$H^2(\underline{n}_i,\mathbb{C}) \cong F_{w_j \circ w_i(\rho)-\rho} .$$

Daraus ergibt sich (analog zu 9.1.) für die ${}_f P_i$-Modulstruktur

(2) $\qquad H^2(\underline{n}_i,\mathbb{C}) = F_{\tilde{\eta}_i}$, $\quad i = 1,2$,

wobei $(\tilde{\eta}_i, F_{\tilde{\eta}_i})$ die 1-dimensionale nicht-triviale Darstellung von ${}_f P_i$ ist, die man erhält, wenn man den Charakter η_i von ${}_f P_o$ auf ${}_f P_i$ erweitert. Dabei erinnere man, daß η_i vollständig charakterisiert ist durch

$\eta_i(d_i) = 1$, $\eta_i(d_j) = -1$ (cf. 9.1.). Wegen der Einheitlichkeit der Notation innerhalb von § 9 haben wir diese Darstellung mit $\tilde{\eta}_i$ bezeichnet und nicht die Bezeichnung ε_i aus 7.5. verwendet.

Wir betrachten deshalb jetzt den ${}_f SL$-Modul $\mathrm{Ind}_{{}_f P_i}^{{}_f SL}[\tilde{\eta}_i]$. Bezeichne (analog zu 9.3.) mit $\hat{T}_j(\tilde{\eta}_i)$ $(i,j \in \{1,2\}, i \neq j)$ die Menge der Charaktere $\chi_j : {}_f Q_i \to \mathbb{C}^*$ mit $\chi_j|_{{}_f P_i} = \tilde{\eta}_i$. Man bemerke, daß für einen Charakter χ_j aus $\hat{T}_j(\tilde{\eta}_i)$ insbesondere $\chi_j|_{{}_f T_i} = 1$ und damit in der Zerlegung $\chi_j = \bigotimes_{p|m} \chi_{j,p}$ auch $\chi_{j,p}|_{T_{i,p}} = 1$ gilt. Insbesondere folgt, daß man für alle $p|m$ $\{i\} \subset \Theta(\chi_{j,p})$ hat und damit $\{i\} \subset \Theta(\chi_j)$ gilt. Andererseits hat man jedoch (wie oben), daß j kein Element von $\Theta(\chi_j) = \bigcap_{p|m} \Theta(\chi_{j,p})$ sein kann, denn dies würde die für $\hat{T}_j(\tilde{\eta}_i)$ definierende Bedingung $\chi_j|_{{}_f P_i} = \tilde{\eta}_i$ verletzen. Man bemerke, daß man ein solches χ_j aus $\hat{T}_j(\tilde{\eta}_i)$ auch als den Charakter $\tilde{\chi}$ auffassen kann, den man erhält, wenn man einen Charakter $\chi = (\chi_1,\chi_2) : {}_f B/{}_f N_o = {}_f T = {}_f T_1 \times {}_f T_2 \to \mathbb{C}^*$ mit $\chi|_{{}_f P_o} = \eta_i$, zu einem Charakter auf ${}_f Q_i$ erweitert.

Wir erhalten sodann analog zu dem Vorgehen für 9.3.(3) - (6) die Zerlegung

(3) $$\mathrm{Ind}_{{}_f P_i}^{{}_f SL}[\tilde{\eta}_i] \cong \bigoplus_{\chi_j \in \hat{T}_j(\tilde{\eta}_i)} \Big(\bigotimes_{p|m} \bigoplus_{\Theta_i \subset \Omega(\chi_{j,p}) \subset \Theta(\chi_{j,p})} V_{\Omega(\chi_{j,p})}^{\Theta(\chi_{j,p})}[\chi_{j,p}]\Big)$$

wobei $\Theta_i = \{i\}$ die der parabolischen Untergruppe $Q_{i,p}$ entsprechend 9.2.(3) zugeordnete Indexmenge ist.

Sei wieder $m = \prod_{\ell=1}^{k} p_\ell^{\nu_\ell}$. Zu einem gegebenem Charakter $\chi \in \hat{T}(\eta_i)$ setzen wir nun

(4) $$\Omega(\chi)^i := \Big\{ (\Omega(\chi_{p_1}),\ldots,\Omega(\chi_{p_k})) \in \mathop{\times}_1^k \mathcal{P}(\{1,2\}) \,\Big|\, \Omega(\chi_{p_\ell}) \subset \Theta(\chi_{p_\ell}) \text{ für } \ell = 1,\ldots,k \text{ und } \bigcap_\ell \Omega(\chi_{p_\ell}) = \{i\} \Big\}$$

i.e. $\Omega(\chi)^i$ ist die Menge aller k-Tupel von Teilmengen $\Omega(\chi_{p_\ell}) \subset \{1,2\}$, so daß $\Omega(\chi_{p_\ell}) \subset \Theta(\chi_{p_\ell})$ für alle $\ell = 1,\ldots,k$ und $\bigcap_\ell \Omega(\chi_{p_\ell}) = \{i\}$ gilt.

Man bemerke, daß für ein χ aus $\hat{T}(\eta_i)$, für das in der Zerlegung $\chi = \bigotimes_{p|m} \chi_p$ ein χ_p existiert mit $\chi_{p,i} \neq 1$, (also $i \notin \Theta(\chi_{p,i})$ gilt), die Menge $\Omega(\chi)^i$ leer ist. Aus (1) und (3) folgt dann, daß wir $\mathrm{Ind}_{{}_fP_i}^{{}_fSL}[\tilde{\eta}_i]$ als ${}_fSL$-Untermodul in $\mathrm{Ind}_{{}_fP_o}^{{}_fSL}[\eta_i]$ wie folgt charakterisieren können:

$$(5) \qquad \mathrm{Ind}_{{}_fP_i}^{{}_fSL}[\tilde{\eta}_i] \cong \bigoplus_{\chi \in \hat{T}(\eta_i)} \bigoplus_{\Omega(\chi)^i} \Big(\bigotimes_{p|m} V_{\Omega(\chi_p)}^{\Theta(\chi_p)}[\chi_p]\Big) .$$

<u>9.5.</u> <u>Die adelische Interpretation von</u> $H^*(Y_o,\mathbb{C})$. Wir erinnern daran, daß die Gruppe $\underline{G}(A)$ der adelewertigen Punkte von $\underline{G} = SL_3/\mathbb{Q}$ als direktes Produkt $\underline{G}(A) = \underline{G}_\infty \cdot \underline{G}(A_f)$ geschrieben werden kann, wobei A resp. A_f den Ring der Adele resp. endlichen Adele von $\mathbb{Q}$ bezeichnet, und $\underline{G}_\infty$ in kanonischer Weise als die reelle Liegruppe $\underline{G}(\mathbb{R}) = SL_3(\mathbb{R})$ angesehen werden kann. Wir fixieren die maximal kompakte Untergruppe $K = SO(3)$ von $\underline{G}(\mathbb{R}) = SL_3(\mathbb{R})$. Ist $L \subset \underline{G}(A_f)$ eine offene kompakte Untergruppe von $\underline{G}(A_f)$, so folgt aus dem Satz von der starken Approximation $\underline{G}(A) = \underline{G}(\mathbb{Q}) \cdot \underline{G}(\mathbb{R}) \cdot L$. Setzen wir $\Gamma_L := \underline{G}(\mathbb{Q}) \cap (\underline{G}(\mathbb{R}) \times L)$, so ist Γ_L eine arithmetisch definierte Untergruppe von $\underline{G}(\mathbb{R})$, und es gilt

$$(1) \qquad \Gamma_L\backslash \underline{G}(\mathbb{R})/K = \underline{G}(\mathbb{Q})\backslash \underline{G}(A)/K \cdot L .$$

In dem uns interessierenden Fall der Kongruenzuntergruppe $\Gamma(m) \subset SL_3(\mathbb{Z})$, $m \geq 3$, nimmt die Identifikation (1) die Form

$$(2) \qquad \Gamma(m)\backslash X = SL_3(\mathbb{Q})\backslash SL_3(A)/SO(3) \cdot L(m)$$

an, wobei $L(m) = \{\ell \in \prod_q SL_3(\mathbb{Z}_q) \mid \ell \equiv 1 \bmod m\}$ bezeichnet. Dieses und den Zusammenhang des Begriffs der automorphen Form in der Sprache der Adele mit der Theorie der automorphen Formen auf reellen Gruppen findet man in [16] und der dort angegebenen Literatur.

Bezüglich der $\underline{T}(\mathbb{R})$-Modulstruktur zerlegte sich die Kohomologie $H^*(e'(P_o),\mathbb{C})$ der kompakten Seite $e'(P_o)$ in $\partial(\Gamma(m)\backslash\overline{X})$ als

$H^*(e'(P_o),\mathbb{C}) = \bigoplus_{w \in W} F_{w(\rho)-\rho}$ (cf. 7.4.). Wir wählen eine harmonische Spitzenform $\phi_w \in \Omega^{\ell(w)}(e'(P_o),\mathbb{C})$, so daß $\mathbb{C}[\phi_w] = F_{w(\rho)-\rho}$; in der Terminologie von 3.2.(1) repräsentiert ϕ_w eine Klasse vom Gewicht $w(\rho)-\rho$. Der durch Restriktion von $w(\rho)-\rho$ auf ${}^o\underline{T}(\mathbb{R}) = \{1,d_1,d_2,d_i\cdot d_2\}$ gegebene Charakter von ${}^o\underline{T}(\mathbb{R})$ werde mit η_w bezeichnet. Für $w = 1$ oder $w = w_o$ ist η_w trivial, in den anderen Fällen ist η_w ein nicht-trivialer Vorzeichencharakter.

Wir betrachten jetzt die Doppelnebenklassen

(3) $$\underline{T}(\mathbb{Q})\backslash\underline{T}(A)/\underline{T}(\mathbb{R})^o\cdot(\underline{T}(A_f)\cap L(m)) = {}^o\underline{T}(\mathbb{R})\times\underline{T}(\mathbb{Q})\backslash T(A_f)/(\underline{T}(A_f)\cap L(m)).$$

Bezeichnet nun $L(1)$ die maximal kompakte Untergruppe $\prod_q SL_3(\mathbb{Z}_q)$ von $\underline{G}(A_f) = SL_3(A_f)$, so gilt für den zweiten Faktor auf der rechten Seite

(4) $$\begin{aligned}\underline{T}(\mathbb{Q})\backslash\underline{T}(A_f)/(\underline{T}(A_f)\cap L(m)) &= \underline{T}(\mathbb{Z})\backslash(\underline{T}(A_f)\cap L(1))/(\underline{T}(A_f)\cap L(m))\\ &\cong {}_fM_o\backslash{}_fT \cong (_{\{\pm1\}}\backslash(\mathbb{Z}/m\mathbb{Z})^*)\times(_{\{\pm1\}}\backslash(\mathbb{Z}/m\mathbb{Z})^*).\end{aligned}$$

Sei $\hat{T}_A$ die Menge der Charaktere $\chi : \underline{T}(\mathbb{Q})\backslash\underline{T}(A)/\underline{T}(\mathbb{R})^o\cdot(\underline{T}(A_f)\cap L(m)) \to \mathbb{C}^*$. Man beachte, daß der Charakter η_w auf ${}^o\underline{T}(\mathbb{R})$ auf $(\phi(m)/2)^2$-verschiedene Weisen zu einem Charakter auf $\underline{T}(\mathbb{Q})\backslash\underline{T}(A)/\underline{T}(\mathbb{R})^o\cdot(T(A_f)\cap L(m))$ erweitert werden kann. Hier bezeichnet $\phi(m)$ die Eulersche ϕ-Funktion. Setzen wir

(5) $$\hat{T}_A(\eta_w) := \{\chi\in\hat{T}_A \mid \chi_{|{}^o\underline{T}(\mathbb{R})} = \eta_w\} ,$$

so kann die Kohomologie der zu den $\Gamma(m)$-Konjugationsklassen von minimal parabolischen $\mathbb{Q}$-Untergruppen von $SL_3(\mathbb{R})$ gehörenden Seiten in $\partial(\Gamma(m)\backslash\overline{X})$ in der adelischen Version beschrieben werden durch

(6) $$H^*(Y_o,\mathbb{C}) = \bigoplus_{w\in W}\mathbb{C}\phi_w\otimes(\bigoplus_{\chi\in\hat{T}_A(\eta_w)}\mathrm{Ind}_{{}_fB}^{{}_fSL}[{}_f\chi]) ,$$

wobei ${}_f\chi : {}_fB/{}_fN_o \to \mathbb{C}^*$ den durch χ auf den endlichen Stellen von $\mathbb{Q}$

bestimmten Charakter bezeichnet. Man bemerke, daß die Charaktere χ aus $\hat{T}_A(\eta_w)$ in eineindeutiger Weise mit den Elementen in $\hat{T}(\eta_w)$ in 9.2.(4) korrespondieren. Für festes $w \in W$ hat man nun analog zu dem Vorgehen in 9.2. ausgehend von ${}_f\chi = \underset{p|m}{\otimes} \chi_p$ die Zerlegung

$$(7) \qquad \underset{\chi \in \hat{T}_A(\eta_w)}{\oplus} \mathrm{Ind}_{{}_fB}^{{}_fSL}[{}_f\chi] = \underset{\chi \in \hat{T}_A(\eta_w)}{\oplus} \Big(\underset{p|m}{\otimes} \Big(\underset{\Omega(\chi_p) \subset \Theta(\chi_p)}{\oplus} V_{\Omega(\chi_p)}^{\Theta(\chi_p)}[\chi_p]\Big)\Big).$$

Nun habe m die Primfaktorzerlegung $m = \prod_{\ell=1}^{k} p_\ell^{\nu_\ell}$. Seien $w \in W$, $\chi \in \hat{T}_A(\eta_w)$ fest gewählt. Dann nennen wir eine Klasse in (6) der Form

$$(8) \qquad \phi_A = \phi_w \otimes \underset{p|m}{\otimes} v_p \quad \text{mit} \quad v_p \in V_{\Omega(\chi_p)}^{\Theta(\chi_p)}[\chi_p]$$

eine <u>Kohomologieklasse vom Typ</u> $(w,\chi \| \Omega(\chi_{p_1}),\dots,\Omega(\chi_{p_k}))$. Man erinnere aus 9.2., daß $\Omega(\chi_p) \subset \Theta(\chi_p) \subset \{1,2\}$ eine Indexmenge für jedes p ist, wobei $\Theta(\chi_p)$ durch χ_p eindeutig festgelegt ist. Wir ordnen nun einer Klasse ϕ_A vom Typ $(w,\chi \| \Omega(\chi_{p_1}),\dots,\Omega(\chi_{p_k}))$ die Indexmenge

$$(9) \qquad \pi(\phi_A) := \bigcap_{p|m} \Omega(\chi_p)$$

zu. Offenbar gilt $\pi(\phi_A) \subset \bigcap_{p|m} \Theta(\chi_p) =: \Theta(w,\chi)$, wobei $\Theta(w,\chi)$ als die Menge aller $i \in \{1,2\}$ mit $\chi_{p,i} = 1$ für alle $p|m$ charakterisiert werden kann. Ist η_w der triviale Charakter auf ${}^{\circ}\underline{T}(\mathbb{R})$ (oder auch η_i (cf. 9.1.)), so zieht für $\chi \in \hat{T}_A(\eta_w)$ die Tatsache $i \in \Theta(w,\chi)$ nach sich, daß der globale Charakter χ_i der triviale Charakter ist.

Analog zu der in den Paragraphen 3 und 4 entwickelten Theorie ist einer Klasse in (6) $\phi_A = \phi_w \otimes \underset{p|m}{\otimes} v_p$ vom Typ $(w,\chi \| \Omega(\chi_{p_1}),\dots,\Omega(\chi_{p_k}))$, $w \in W$, $\chi \in \hat{T}_A(\eta_w)$, in Abhängigkeit von dem Parameter $\Lambda \in L(\underline{T}(\mathbb{R})^{\circ})^*_{\mathbb{C}}$ eine Eisensteinreihe $E(\phi_A,\Lambda)$ zugeordnet. Diese ist zuerst nur definiert für Λ mit $(\mathrm{Re}\,\Lambda,\alpha) > (\rho,\alpha)$ für jedes $\alpha \in \Delta(P_o,A_o)$ und holomorph dort; man hat jedoch eine meromorphe Fortsetzung auf ganz $L(\underline{T}(\mathbb{R})^{\circ})^*_{\mathbb{C}}$. Wertet man die Eisensteinreihe $E(\phi_A,\Lambda)$ an einer Stelle Λ_o, an der sie holomorph ist, aus, so erhält man eine Differentialform $E(\phi_A,\Lambda_o)$ in $\Omega^{\ell(w)}(\underline{G}(\mathbb{Q})\backslash G(A)/K\cdot L(m);\mathbb{C}) = \Omega^{\ell(w)}(\Gamma(m)\backslash X;\mathbb{C})$. (Zur Theorie der Eisensteinreihen in der adelischen Sprache siehe [1], [2] und die dort angegebene Literatur; zur angesprochenen Konstruktion vergleiche man [49] resp. [27], [28].)

9.6. THEOREM. Sei $\phi_A = \phi_{w_o} \otimes \bigotimes_{p|m} v_p$ eine Kohomologieklasse aus $H^3(Y_o,\mathbb{C}) \cong \mathbb{C}\phi_{w_o} \otimes \bigoplus_{\chi\in\hat{T}_A(\eta_{w_o})} \mathrm{Ind}_{{}_fB}^{{}_fSL}[{}_f\chi]$ vom Typ $(w_o,\chi\,\|\,\Omega(\chi_{p_1}),\dots,\Omega(\chi_{p_k}))$, wobei w_o das längste Element in W bezeichnet, und $\chi\in\hat{T}_A(\eta_{w_o})$. Ist $\pi(\phi_A) = \bigcap_{p|m}\Omega(\chi_p) = \emptyset$ die leere Menge, so ist die ϕ_A zugeordnete Eisensteinreihe holomorph an der Stelle $\Lambda_o = -w_o(\rho) = \rho$. Die Differentialform $E(\phi_A,\rho)$ ist geschlossen und harmonisch und repräsentiert eine nicht-triviale Kohomologieklasse in $H^3(\Gamma(m)\backslash X;\mathbb{C})$, deren Bild unter der Restriktion $r_B^3 : H^3(\Gamma(m)\backslash\overline{X},\mathbb{C}) \to H^3(Y_o,\mathbb{C})$ die Klasse, von der man ausgeht, ist, i.e. $r_B^3([E(\phi_A,\rho)] = [\phi_A]$.

KOROLLAR. Sei $H^3_{min}(\Gamma(m),X;\mathbb{C})$ der entsprechend 9.6. durch die Eisensteinkohomologieklassen $[E(\phi_A,\rho)]$ erzeugte Unterraum von $H^3(\Gamma(m),X;\mathbb{C})$, wobei ϕ_A alle Klassen vom Typ $(w_o,\chi\,\|\,\Omega(\chi_{p_1}),\dots,\Omega(\chi_{p_k}))$, $\chi\in\hat{T}_A(\eta_{w_o})$ mit $\pi(\phi_A) = \emptyset$ durchläuft. Dann wird $H^3_{min}(\Gamma(m),X;\mathbb{C})$ unter der Restriktion $r^3 : H^3(\Gamma(m)\backslash\overline{X};\mathbb{C}) \to H^3(\partial(\Gamma(m)\backslash\overline{X});\mathbb{C})$ isomorph auf den verallgemeinerten Steinberg-Modul $\widetilde{St} \subset H^3(\partial(\Gamma(m)\backslash\overline{X}),\mathbb{C})$ abgebildet (cf. 7.6.(4)).

Man bemerke, daß das Korollar insbesondere besagt, daß bezüglich der ${}_fSL$-Modulstruktur von $H^*(\Gamma(m)\backslash\overline{X},\mathbb{C})$ der Raum $H^3_{min}(\Gamma(m),X;\mathbb{C})$ ein ${}_fSL$-Untermodul ist, der isomorph zum verallgemeinerten Steinberg-Modul $\widetilde{St}$ von ${}_fSL$ ist.

Bevor wir Erläuterungen zum Beweis geben, formulieren wir das zweite Ergebnis, das die Konstruktion von Eisensteinkohomologieklassen im Grad zwei der Kohomologie $H^*(\Gamma(m),X;\mathbb{C})$ betrifft. Hierzu müssen wir kurz an folgende Tatsache erinnern: Bezeichne mit H_i , $i = 1,2,3$, das eindeutig bestimmte Element in $\underline{a}_{o\mathbb{C}} = (\underline{T}(\mathbb{R})^o)_{\mathbb{C}}$, so daß für alle $H \in \underline{a}_{o\mathbb{C}}$ $B(H,H_i) = \alpha_i(H)$ gilt, wobei α_1,α_2 die einfachen Wurzeln (cf. § 7) sind, und $\alpha_3 = \alpha_1 + \alpha_2$ ist. Wie schon in 9.5. bemerkt ist die einer Klasse ϕ_A vom Typ $(w,\chi \,\|\, \Omega(\chi_{p_1}),\ldots,\Omega(\chi_{p_k}))$ zugeordnete Eisensteinreihe $E(\phi_A,\Lambda)$ eine meromorphe Funktion auf $\underline{a}^*_{o\mathbb{C}}$. Man weiß ([37], Lemma 6.1., cf. auch [1], p. 259), daß deren eventuell vorhandenen Singularitäten längs Hyperflächen der Form

$$\underline{r}_i(\mu) \;:=\; \{\Lambda \in \underline{a}^*_{o\mathbb{C}} \mid \Lambda(H_i) = \mu\} \;,\; \mu \in \mathbb{C} \;,\quad i = 1,2,3$$

liegen (Wir verwenden hier die Langlands'sche Sprechweise in [37], p. 119), und daß nur endlich viele dieser Hyperflächen einen nicht-leeren Durchschnitt mit $\{\Lambda \in \underline{a}^*_{o\mathbb{C}} \mid (\mathrm{Re}\,\Lambda,\alpha_i) > 0 \,,\, i = 1,2\}$ haben. Ist $\underline{r}$ eine solche Hyperfläche von $E(\phi_A,\Lambda)$, so erhalten wir durch Bildung des Residuums (wie in [37], p. 171 oder [2], § 2) entlang $\underline{r}$ eine meromorphe Funktion $\mathrm{Res}_{\underline{r}}E(\phi_A,\Lambda)$ auf $\underline{r}$, deren Singularitäten auf dem Durchschnitt von $\underline{r}$ mit den singulären Hyperflächen von $E(\phi_A,\Lambda)$ liegen. Wertet man $\mathrm{Res}_{\underline{r}}E(\phi_A,\Lambda)$ an einer Stelle Λ_o , an der das Residuum holomorph ist, aus, so ist $\mathrm{Res}_{\underline{r}}E(\phi_A,\Lambda_o)$ eine Differentialform aus $\Omega^*(\Gamma(m),X;\mathbb{C})$.

9.7. THEOREM. (1) *Sei* $\phi_A = \phi_{w_{P_i}} \otimes \bigotimes_{p|m} v_p$ *eine Kohomologieklasse aus*

$$H^2(Y_o,\mathbb{C}) \;=\; \bigoplus_{i=1}^{2} \;(\mathbb{C}\phi_{w_{P_i}} \otimes \bigoplus_{\chi \in \hat{T}_A(\eta_{w_{P_i}})} \mathrm{Ind}_{f^B}^{f^{SL}}[{}_f\chi])$$

vom Typ $(w_{P_i},\chi \,\|\, \Omega(\chi_{p_1}),\ldots,\Omega(\chi_{p_k}))$, *wobei* $w_{P_i} = w_j \circ w_i$ *das längste Element in* W^{P_i} *bezeichnet und* χ *aus* $\hat{T}_A(\eta_{w_{P_i}})$ *ist mit* $i = 1,2$. *Ist* $\pi(\phi_A) = \bigcap_{p|m} \Omega(\chi_p) = \{i\}$, *so ist*

$$\underline{r}_i := \{\Lambda \in \underline{a}^*_{o\mathbb{C}} \mid \Lambda(H_i) = 1\}$$

eine singuläre Hyperfläche für die ϕ_A zugeordnete Eisensteinreihe $E(\phi_A,\Lambda)$. Das Residuum $\mathrm{Res}_{\underline{r}_i} E(\phi_A,\Lambda)$ der Eisensteinreihe $E(\phi_A,\Lambda)$ entlang $\underline{r}_i$ ist holomorph in $\Lambda_o = \rho$. Die Differentialform $\mathrm{Res}_{\underline{r}_i} E(\phi_A,\rho)$ ist geschlossen und harmonisch und repräsentiert eine nicht-triviale Kohomologieklasse in $H^2(\Gamma(m),X;\mathbb{C})$.

(2) Sei $H^2_{min}(\Gamma(m),X;\mathbb{C})$ der durch die Eisensteinkohomologieklassen $[\mathrm{Res}_{\underline{r}_i} E(\phi_A,\rho)]$ erzeugte Unterraum von $H^2(\Gamma(m),X;\mathbb{C})$, wobei ϕ_A alle Klassen vom Typ $(w_{P_i},\chi \,\|\, \Omega(\chi_{P_1}),\dots,\Omega(\chi_{P_k}))$, $i = 1,2$, $\chi \in \hat{T}_A(\eta_{w_{P_i}})$ mit $\pi(\phi_A) = \{i\}$ durchläuft. Dann wird $H^2_{min}(\Gamma(m),X;\mathbb{C})$ unter der Restriktion $r^2 : H^2(\Gamma(m)\backslash\overline{X},\mathbb{C}) \to H^2(\partial(\Gamma(m)\backslash\overline{X}),\mathbb{C})$ isomorph auf

$$\bigoplus_{i=1}^{2} \mathrm{Ind}_{{}_fP_i}^{{}_fSL} [H^o(\Gamma(2,m),Z_{M_i};H^2(\underline{n}_i,\mathbb{C}))] \subset H^2(\partial(\Gamma(m)\backslash\overline{X});\mathbb{C}) \text{ abgebildet}$$

(cf. 7.6.(3)).

Da $H^o(\Gamma(2,m),Z_{M_i};H^2(\underline{n}_i,\mathbb{C}))$ als ${}_fP_i$-Modul isomorph zu der eindimensionalen Darstellung $F_{\tilde{\eta}_i}$ ist (cf. 9.4.(2)), besagt (2) insbesondere, daß bezüglich der ${}_fSL$-Modulstruktur von $H^*(\Gamma(m)\backslash\overline{X},\mathbb{C})$ der Raum $H^2_{min}(\Gamma(m),X,\mathbb{C})$ ein ${}_fSL$-Untermodul ist, der isomorph zu $\bigoplus_{i=1,2} \mathrm{Ind}_{{}_fP_i}^{{}_fSL} [F_{\tilde{\eta}_i}]$ ist.

9.8. Bemerkungen zu 9.6. und 9.7. Wir deuten kurz die hauptsächlichen Argumente und Schritte in den Beweisen von 9.6. und 9.7. an. Die Details finden sich zum Teil in [49] oder werden an anderer Stelle als Spezialfall allgemeinerer Ergebnisse für SL_n veröffentlicht werden. Wir setzen Vertrautheit mit der adelischen Formulierung der Theorie der Eisensteinreihen voraus (cf. [1]).

Die Zuordnung der Eisensteinreihe $E(\phi_A,\Lambda)$ zu der gegebenen Klasse ϕ_A vom Typ $(w,\chi \,\|\, \Omega(\chi_{P_1}),\dots,\Omega(\chi_{P_k}))$ geschieht analog zu der in § 3 betrachteten Situation über eine Familie von Differentialformen $(\phi_A)_\Lambda$,

$\Lambda \in L(\underline{T}(\mathbb{R})^{\circ})^{*}_{\mathbb{C}}$. Aufgrund der adelischen Version der Ergebnisse 3.4. und 3.8. (cf. [49]) ist $(\phi_A)_\Lambda$ geschlossen und harmonisch für $\Lambda_o = -w(\rho)$; wir sind deshalb an der Auswertung der Eisensteinreihe $E(\phi_A,\Lambda)$ an der Stelle Λ_o interessiert, denn falls die Eisensteinreihe holomorph in Λ_o wäre, so wäre $E(\phi_A,\Lambda_o)$ ebenfalls geschlossen und harmonisch (wie ein zu dem in 4.11. verwendeten analoges Argument zeigt). Um das Holomorphieverhalten von $E(\phi_A,\Lambda)$ in Λ_o zu untersuchen, betrachten wir den konstanten Fourierkoeffizienten bezüglich der standard minimal parabolischen $\mathbb{Q}$-Untergruppe B von SL_3. Analog zu den Operatoren $\underline{\underline{c}}(s,\Lambda)$ in § 4 sind dann globale Verkettungsoperatoren $\underline{\underline{c}}_A(s,\Lambda)$, $s \in W$, definiert, und das Holomorphieverhalten der $\underline{\underline{c}}_A(s,\Lambda)(\phi_A)$ bestimmt wiederum dasjenige von $E(\phi_A,\Lambda)$. Man hat (cf. [49], 6.2., 6.3.), falls die $\underline{\underline{c}}_A(s,\Lambda)(\phi_A)$ für alle $s \in W$ holomorph in Λ_o sind, $E(\phi_A,\Lambda_o)_B = \sum_W \underline{\underline{c}}_A(s,\Lambda_o)(\phi_A)$. Für $s = 1 \in W$ gilt $\underline{\underline{c}}_A(1,\Lambda_o) = \mathrm{Id}$ wie in 4.9.. Für jedes $s \in W$ schreibt sich $\underline{\underline{c}}_A(s,\Lambda)(\phi_A)$ als Produkt lokaler Faktoren ([49], 6.3.)

$$(1) \qquad \underline{\underline{c}}_A(s,\Lambda)(\phi_A) = \underline{\underline{c}}_\infty(s,\Lambda)(\phi_A) \otimes \bigotimes_{q \in \mathbb{Q}} \underline{\underline{c}}_q(s,\Lambda)(\phi_A) .$$

Eine Methode zur expliziten Berechnung von $\underline{\underline{c}}_\infty(s,\Lambda)(\phi_A)$ ist in [49], § 7 angegeben. Das Ergebnis hängt in diesem Fall nur von dem Parameter w im Typ von ϕ_A ab. Die Primstellen q mit $q \nmid m$ liefern einen nur von dem durch den Typ $(w,\chi \,\|\, \Omega(\chi_{p_1}),\ldots,\Omega(\chi_{p_k}))$, $w \in W$, $\chi \in \hat{T}_A(\eta_w)$, bestimmten Charakter $\chi : \underline{T}(\mathbb{Q})\backslash \underline{T}(A)/\underline{T}(\mathbb{R})^{\circ}(\underline{T}(A_f) \cap L(m)) \to \mathbb{C}^*$ abhängenden Beitrag ([49], Satz 8.3): Ist $s = s_i$ die zur einfachen Wurzel α_i gehörende Reflektion in W, und sind Λ_j, $j = 1,2$ die zugehörigen fundamentalen dominanten Gewichte, so hat man für $\Lambda = \sum z_j\Lambda_j$, $z_j \in \mathbb{C}$, aus $\underline{a}^*_{o\mathbb{C}}$

$$(2) \qquad \prod_{\substack{q \\ q \nmid m}} \underline{\underline{c}}_q(s_i,\Lambda)(\phi_A) = \frac{L(\chi_i,z_i)}{L(\chi_i,z_i+1)} .$$

Für beliebiges $s \in W$, $s \neq 1$, erhält man ein Produkt solcher Quotienten von Werten von L-Funktionen. Für Λ mit $(\operatorname{Re}\Lambda,\alpha_i) > 0$, $i = 1,2$, ist der Beitrag, der durch die mit den Primzahlen p mit $p|m$ indizierten lokalen Faktoren zu (1) geliefert wird holomorph ([49], Satz 8.5.). Für $\phi_A = \phi_w \otimes \bigotimes_{p|m} v_p$ mit $v = \otimes v_p$ aus $\operatorname{Ind}_{_fB}^{_fSL}[_f\chi]$, $\chi \in \hat{T}_A(\eta_w)$, kann er als $_fSL$-Modulhomomorphismus

$$(3) \qquad {}_f\underline{\underline{c}}(s,\Lambda) \quad : \quad \operatorname{Ind}_{_fB}^{_fSL}[_f\chi] \longrightarrow \operatorname{Ind}_{_fB}^{_fSL}[^s_f\chi]$$

interpretiert werden, wobei $^s\chi$ den mit $s \in W$ 'getwisteten' Charakter bezeichnet.

Wir betrachten nun die in 9.6. angesprochene Situation einer Eisensteinreihe $E(\phi_A,\Lambda)$, die $\phi_A = \phi_{w_o} \otimes \bigotimes_{p|m} v_p$ vom Typ $(w_o,\chi \,\|\, \Omega(\chi_{p_1}),\ldots,\Omega(\chi_{p_k}))$, $\chi \in \hat{T}_A(\eta_o)$, mit $\pi(\phi_A) = \bigcap_{p|m} \Omega(\chi_p) = \emptyset$ zugeordnet ist. Dabei interessiert uns das Verhalten von $E(\phi_A,\Lambda)$ und deswegen auch das der $\underline{\underline{c}}_A(s,\Lambda)(\phi_A)$ an der Stelle $\Lambda_o = -w_o(\rho) = \rho$, i.e. $z_j = 1$ für $j = 1,2$ in der in (2) eingeführten Notation. Wir stellen nun zuerst auf Grund der bekannten Eigenschaften der L-Funktion fest, daß falls bei gegebenem Charakter $\chi \in \hat{T}_A(\eta_o)$ ein $i \in \{1,2\}$ existiert mit $\chi_i = 1$ die L-Funktion im Ausdruck (2) einen einfachen Pol an der Stelle $z_i = 1$ hat. Ob sich dies auch global als Pol auswirkt, hängt sowohl von dem Verhalten an der unendlichen Stelle ∞ , i.e. von $\underline{\underline{c}}_\infty(s,\Lambda)(\phi_A)$ in Λ_o ab, als auch davon, ob $\bigotimes_{p|m} v_p$ im eventuell nicht-leeren Kern des $_fSL$-Modulhomomorphismus ${}_f\underline{\underline{c}}(s,\Lambda_o)$ liegt oder nicht. Die in [49], Satz 7.6., durchgeführte explizite Berechnung ergibt nun, daß $\underline{\underline{c}}_\infty(s,\Lambda)(\phi_A)$ für alle $s \in W$ holomorph an der Stelle $\Lambda = \rho$ ist. Zur Diskussion der Stellen p mit $p|m$ nehmen wir zuerst der Einfachheit halber an, daß $m = p$ eine Primzahl ist. Man erinnere daran, daß stets $\Omega(\chi_p) \subset \Theta(\chi_p) \subset \{1,2\}$ gilt (cf. 9.2.(12)). Entsprechend den in 9.2. gegebenen Beispielen a) - c) erläutern wir das Vorgehen in den drei vorkommenden Möglichkeiten für $\Theta(\chi_p)$.

$\underline{\underline{a}}$: Ist $\Theta(\chi_p) = \emptyset$, so ist der globale Charakter χ_i stets nicht-trivial für $i = 1,2$. Das zieht nach sich, daß im Ausdruck (2) die L-Funktion an der Stelle $z_i = 1$ holomorph ist. Damit folgt, daß die globalen Operatoren $\underline{\underline{c}}_A(s,\Lambda)(\phi_A)$, $s \in W$, und damit $E(\phi_A,\Lambda)$ holomorph in $\Lambda_o = \rho$ sind.

(Dieser Fall ist als Spezialfall in Theorem 9.1. [49] enthalten.)

$\underline{\underline{b}}$: Ist $\Theta(\chi_p) = \{i\}$, so ist (wegen $m = p$) schon der globale Charakter χ_i trivial; der globale Charakter χ_j , $j \neq i$, ist jedoch nicht-trivial. Die L-Funktion $L(\chi_i,z_i)$ liefert deshalb einen einfachen Pol an der uns interessierenden Stelle $z_i = 1$. Auf der anderen Seite hat man im Hinblick auf (3) die Zerlegung (cf. 9.2.(15))

$$\text{(4)}\qquad \mathrm{Ind}_{B_p}^{G_p}[\chi_p] = \mathrm{Ind}_{Q_{i,p}}^{G_p}[\tilde{\chi}_p] \oplus \mathrm{Ind}_{Q_{i,p}}^{G_p}[(\mathrm{Ind}_{B_p}^{Q_{i,p}}[\mathbb{C}]/[\mathbb{C}]) \otimes \tilde{\chi}_p]$$
$$= V_{\{i\}}^{\{i\}}[\chi_p] \oplus V_{\emptyset}^{\{i\}}[\chi_p] \quad ,$$

und man zeigt nun, indem man die Situation auf dem Niveau der p-adischen Darstellungen studiert, daß

$$\text{(5)}\qquad \ker {}_f\underline{\underline{c}}(s_i,\Lambda_o) = V_{\emptyset}^{\{i\}}[\chi_p]$$

gilt. Die in dem Theorem 9.6. an die Klasse ϕ_A vom Grad 3 ausgesprochene Bedingung $\pi(\phi_A) = \bigcap_{p|m} \Omega(\chi_p) = \emptyset$, die in diesem betrachteten Fall mit $p = m$ gerade $\Omega(\chi_p) = \emptyset$ besagt, wird jetzt verständlich. Dadurch, daß an der Stelle p $v_p \in V_{\emptyset}^{\{i\}}[\chi_p] = \ker {}_f\underline{\underline{c}}(s_i,\Lambda_o)$ gilt, kann der Pol der L-Funktion an der Stelle $z_i = 1$ global nicht zum Tragen kommen, und $\underline{\underline{c}}_A(s_i,\Lambda)(\phi_A)$ ist holomorph an der Stelle $\Lambda_o = \rho$. Die Holomorphie in Λ_o von $\underline{\underline{c}}_A(s,\Lambda)(\phi_A)$ für $s \neq s_i$ und damit von $E(\phi_A,\Lambda)$ folgt aus Argumenten wie eben oder wie in (a).

$\underline{\underline{c}}$: Ist $\Theta(\chi_p) = \{1,2\}$, so sind die beiden globalen Charaktere χ_1 und χ_2 (und damit χ_A selbst) trivial. Die L-Funktion in (2) liefert deshalb jeweils einen Pol an der Stelle $z_i = 1$. Andererseits zeigt man in der Zerlegung 9.2.(16)

$$\mathrm{Ind}_{B_p}^{G_p}[\mathbb{C}] = \mathrm{St} \oplus \left(\bigoplus_{i=1}^{2} V_{\{i\}}^{\{1,2\}}[\mathbb{C}]\right) \oplus \mathbb{C} ,$$

daß für den Steinberg-Modul $\mathrm{St} = V_{\emptyset}^{\{1,2\}}[\mathbb{C}]$ gilt:

$$\text{(6)} \qquad \mathrm{St} = \ker {}_f\underline{\underline{c}}(s_1,\Lambda_o) \cap \ker {}_f\underline{\underline{c}}(s_2,\Lambda_o)$$

Da wegen der Bedingung $\pi(\phi_A) = \emptyset$ der Vektor v_p ein Element von $V_{\emptyset}^{\{1,2\}}[\mathbb{C}]$ ist, folgt die Holomorphie von $E(\phi_A,\Lambda)$ an der Stelle $\Lambda_o = \rho$ mit zu $\underline{\underline{b}}$ analogen Argumenten.

Ist nun $m = \prod_{\ell=1}^{k} p_\ell^{\nu_\ell}$, so zeigt man die Holomorphie von $E(\phi_A,\Lambda)$ an der Stelle $\Lambda_o = \rho$, indem man das Vorgehen in $\underline{\underline{a}}$ - $\underline{\underline{c}}$ miteinander kombiniert. Ist z. B. $\Theta(\chi) = \bigcap_{p|m} \Theta(\chi_p) = \{i\}$, so ist der globale Charakter χ_i trivial. Die Bedingung $\pi(\phi_A) = \bigcap_{p|m} \Omega(\chi_p) = \emptyset$ an die Klasse ϕ_A sichert jedoch, daß mindestens eine Primzahl q mit $q|m$ existiert, so daß v_q aus $V_{\emptyset}^{\Theta(\chi_q)}[\chi_q]$ ist. Damit liegt $\bigotimes_{p|m} v_p$ in $\ker {}_f\underline{\underline{c}}(s_i,\Lambda_o)$, und der Pol von $L(\chi_i,z_i)$ an der Stelle $z_i = 1$ kann global wieder nicht zum Tragen kommen.

Also ist $E(\phi_A,\Lambda)$ in jedem der betrachteten Fälle holomorph in $\Lambda_o = -w_o(\rho)$, und $E(\phi_A,\Lambda_o)$ ist geschlossen und harmonisch. Die Restriktion der durch $E(\phi_A,\Lambda_o)$ repräsentierten Kohomologieklassen in $H^*(\Gamma(m),X;\mathbb{C})$ auf $H^*(Y_o,\mathbb{C})$ kann in der adelischen Theorie (analog zu 1.10.) durch Einschränkung der Klasse $[E(\phi_A,\Lambda_o)_B]$ auf Y_o bestimmt werden. In dem betrachteten Fall liefert dann ein Vorgehen wie im Beweis von 5.4. die letzte Aussage von 9.6., indem man zeigt, daß die Formen $\underline{\underline{c}}_A(s,\Lambda_o)(\phi_A)$ für $s \neq 1$, $s \in W$, nicht die richtigen Gewichte bzgl. der Aktion von $\underline{T}(\mathbb{R})^o = A_o$ haben. Damit ist auch gezeigt, daß $[E(\phi_A,\rho)]$ eine nicht-triviale Klasse in $H^3(\Gamma(m),X;\mathbb{C})$ ist.

Das Korollar folgt aus 9.6. mittels der in 9.3.(8) gegebenen Charakterisierung des verallgemeinerten Steinberg-Moduls, aus der Bestimmung von $H^3(\partial(\Gamma(m)\backslash\overline{X}),\mathbb{C})$ in 7.6. und der adelischen Version von Lemma 31 in [29], das, grob gesagt, nach sich zieht, daß $[E(\phi_A,\Lambda_o)_Q]$, Q maximal parabolische $\mathbb{Q}$-Untergruppe von $SL_3(\mathbb{R})$, keine Spitzenkohomologieklasse bzgl. $e'(Q)$ sein kann.

Wir kommen jetzt zu der in 9.7. angesprochenen Situation einer Eisensteinreihe $E(\phi_A,\Lambda)$, die $\phi_A = \phi_{w_{P_i}} \otimes \underset{p|m}{\otimes} v_p$ vom Typ $(w_{P_i},\chi\,\|\,\Omega(\chi_{p_1}),\ldots,\Omega(\chi_{p_k}))$, $\chi \in \hat{T}_A(\eta_{w_{P_i}})$, mit $\pi(\phi_A) = \{i\}$ zugeordnet ist. Aus der Bedingung $\pi(\phi_A) = \bigcap_{p|m} \Omega(\chi_p) = \{i\}$ folgt wegen $\pi(\phi_A) \subset \Theta(\chi) = \bigcap_{p|m}\Theta(\chi_p)$, daß i ein Element von $\Theta(\chi_p)$ ist für alle $p|m$. Da darüberhinaus χ ein Element aus $\hat{T}_A(\eta_{w_{P_i}})$ ist, also $\chi_{\infty,i}$ trivial ist nach der Form des Charakters $\eta_{w_{P_i}}$ auf ${}^o\underline{T}(\mathbb{R})$, erhält man, daß der globale Charakter χ_i trivial ist. Man bemerke, daß der globale Charakter χ_j , $j \neq i$, nicht trivial sein kann, da $\chi_{\infty,j} \neq 1$ ist. Wir setzen wieder der Einfachheit halber $p = m$ voraus, und betrachten die einzelnen Komponenten in der Darstellung (1) von $\underline{\underline{c}}_A(s_i,\Lambda)(\phi_A)$. Da der Charakter χ_i trivial ist, hat die L-Funktion $L(\chi_i,z_i)$ in (2) einen einfachen Pol an der Stelle $z_i = 1$. Nun bilden diejenigen Λ aus $\underline{a}^*_{o\mathbb{C}}$, deren i-ter Koeffizient z_i in der Darstellung $\Lambda = z_1\Lambda_1 + z_2\Lambda_2$ bzgl. der fundamentalen dominanten Gewichte $z_i = 1$ erfüllt, gerade die Hyperfläche

$$\underline{r}_i = \{\Lambda \in \underline{a}^*_{o\mathbb{C}} \mid \Lambda(H_i) = 1\} .$$

Andererseits bedeutet die Voraussetzung $\pi(\phi_A) = \Omega(\chi_p) = \{i\}$, daß $v_p \in V^{\{i\}}_{\{i\}}[\chi_p]$ ist (cf. (4)) und damit ist v_p (cf. (5)) kein Element von $\ker\, {}_f\underline{\underline{c}}(s_i,\Lambda)$. Da darüberhinaus $\underline{\underline{c}}_\infty(s_i,\Lambda)(\phi_A)$ holomorph für $\Lambda \in \underline{r}_i$ ist und nicht verschwindet, ist $\underline{r}_i$ eine singuläre Hyperfläche für $\underline{\underline{c}}_A(s_i,\Lambda)(\phi_A)$. Da der globale Charakter χ_j , $j \neq i$, nicht-trivial ist, gilt nach einem zu $\underline{\underline{a}}$ analogen Argument, daß $\underline{\underline{c}}_A(s_j,\Lambda)(\phi_A)$ holomorph auf $\underline{r}_j = \{\Lambda \in \underline{a}^*_{o\mathbb{C}} \mid \Lambda(H_j) = 1\}$ ist. Hieraus folgert man, daß $\underline{r}_i$ eine singuläre Hyperfläche von $E(\phi_A,\Lambda)$ ist und daß $\mathrm{Res}_{\underline{r}_i} E(\phi_A,\Lambda)$ holomorph an der Stelle $\Lambda_o = \rho$ ist. (Man hat $\{\rho\} = \underline{r}_1 \cap \underline{r}_2$.)

Man bemerke nun, daß die Hyperfläche $\underline{r}_i$ von der Form $\underline{r}_i = u_i + \underline{a}^*_{i\mathbb{C}}$ ist, wobei $\underline{a}_i$ die Liealgebra der zerfallenden Komponente A_i der maximal parabolischen $\mathbb{Q}$-Untergruppe P_i ist und u_i einen Vektor in $\underline{a}^*_o$ orthogonal zu $\underline{a}^*_i$ bezeichnet. Unter Verwendung eines allgemeinen Vorgehens von Langlands (eine instruktive Beschreibung findet sich in [36], p. 251, cf. [37], § 7 auch [1], p. 261 oder [2], § 2) kann dann $\mathrm{Res}_{\underline{r}_i} E(\phi_A,\Lambda)$ für $\Lambda \in \underline{r}_i$ mit $\Lambda = u_i + \Lambda'$, $\Lambda' \in \underline{a}^*_{i\mathbb{C}}$ als Eisensteinreihe $E(\phi'_A,\Lambda')$ gesehen werden, die einer Form ϕ'_A zugeordnet ist, die das Residuum einer Eisensteinreihe in einer Variablen an der Stelle u_i ist. Dies ist vom darstellungstheoretischen Standpunkt aus, grob gesagt, eine Eisensteinreihe, die einem Vektor ϕ'_A zugeordnet ist, der zum residuellen Spektrum $L^2_{\mathrm{Res}}(\Gamma_{M_i} \backslash {}^oM_i)$ des Levi-Anteils von P_i korrespondiert. Der Vektor ϕ'_A liegt hier in der Sprechweise von 9.4. in $\phi_{w_{P_i}} \otimes \mathrm{Ind}^{f^{SL}}_{f_{P_i}}[H^o(\Gamma_{M_i} \backslash Z_i; H^2(\underline{n}_i,\mathbb{C}))] \subset H^2(Y_o;\mathbb{C})$. Für $\Lambda_o = \rho = (1/2)\alpha_i + \Lambda'_o$ mit $\Lambda'_o = (1/2)\alpha_i + \alpha_j|_{A_i} = \rho_{P_i}$ erhält man somit (bis auf einen Faktor)

$$(7) \qquad \mathrm{Res}_{\underline{r}_i} E(\phi_A,\rho) = E(\phi'_A,\rho_{P_i}) \quad .$$

Die Geschlossenheit und Harmonizität der Form $\mathrm{Res}_{\underline{r}_i} E(\phi_A,\rho)$ folgt dann aus der von $E(\phi'_A,\rho_{P_i})$, die man mittels der adelischen Version der Ergebnisse 3.4., 3.8. einsieht.

Die Untersuchung des konstanten Fourierkoeffizienten $\mathrm{Res}_{\underline{r}_i} E(\phi_A,\rho)_B$ zeigt dann, daß das Bild der Einschränkung der Klasse $[\mathrm{Res}_{\underline{r}_i} E(\phi_A,\rho)]$ auf Y_o bestimmt wird von der Einschränkung von $[\mathrm{Res}_{\underline{r}_i} \underline{\underline{c}}_A(s_i,\rho)(\phi_A)]$, einer Klasse vom Gewicht $w_{P_i}(\rho)-\rho$ unter der Aktion von A_o. Letztere fällt jedoch mit $[\phi_A]$ zusammen, deshalb ist $[\mathrm{Res}_{\underline{r}_i} E(\phi_A,\rho)]$ nicht-triviale Klasse in $H^2(\Gamma(m),X;\mathbb{C})$. Damit folgt auch Aussage (2) unter Berücksichtigung von (7), der Bestimmung von $H^2(\partial(\Gamma(m)\backslash\overline{X}),\mathbb{C})$ in 7.6. und 9.4..

9.9. Bemerkung: Ist $\phi_A = \phi_{Id} \otimes \bigotimes_{p|m} v_p$ eine Kohomologieklasse aus

$$H^o(Y_o) = \mathbb{C}\phi_{Id} \otimes \bigoplus_{\chi \in \hat{T}_A(\eta_o)} \mathrm{Ind}_{f_B}^{f_{SL}} [{}_f\chi]$$

vom Typ $(Id,\chi\,\|\,\Omega(\chi_{p_1}),\ldots,\Omega(\chi_{p_k}))$, wobei Id das neutrale Element in W ist und $\chi \in \hat{T}_A(\eta_o)$, für die $\pi(\phi_A) = \bigcap_{p|m} \Omega(\chi_p) = \{1,2\}$ gilt, so sieht man analog zu den eben für 9.7. gegebenen Argumenten, daß sowohl $\underline{r}_1$ als auch $\underline{r}_2$ singuläre Hyperfläche von $E(\phi_A,\Lambda)$ ist. Das Residuum von $\mathrm{Res}_{\underline{r}_i} E(\phi_A,\Lambda)$ an der Stelle $\Lambda_o = \rho$ (wobei man $\{\rho\} = \underline{r}_1 \cap \underline{r}_2$ bemerke) ist dann ein Repräsentant der einzigen Klasse in $H^o(\Gamma(m)\backslash X;\mathbb{C}) \cong \mathbb{C}$.

9.10. Wir können nun die Ergebnisse, die wir im § 8 erhalten haben, und die angekündigten Resultate des § 9 unter der Berücksichtigung der Bestimmung der Kohomologie des Randes der Borel-Serre Kompaktifizierung in 7.6. zusammenfassen. Wir formulieren es der technischen Einfachheit halber nur für eine Kongruenzuntergruppe $\Gamma(m)$ von $SL_3(\mathbb{Z})$, $m \geq 3$. Da jedoch eine Untergruppe $\Gamma \subset SL_3(\mathbb{Z})$ von endlichem Index stets eine torsionsfreie Hauptkongruenzuntergruppe $\Gamma(m)$ von endlichem Index enthält, läßt sich das Ergebnis unmittelbar auf die Kohomologie von Γ übertragen, indem man die Identität $H^*(\Gamma,X;\mathbb{C}) = H^*(\Gamma(m),X;\mathbb{C})^{\Gamma/\Gamma(m)}$ verwendet.

In 8.6. haben wir gesehen, daß nur die Kohomologie $H^q(\Gamma(m),X;\mathbb{C})$ für $q = 0,2,3$ nicht-trivial ist, und für $q \neq 0$ ergab sich die kurze exakte

Sequenz (cf. 8.6.(9))

$$(1) \qquad 0 \to H^q_{cusp}(\Gamma(m),X;\mathbb{C}) \xrightarrow{i} H^q(\Gamma(m),X;\mathbb{C}) \longrightarrow \operatorname{Im} r^q \to 0 \quad ,$$

wobei $r^* : H^*(\Gamma(m)\backslash\overline{X},\mathbb{C}) \to H^*(\partial(\Gamma(m)\backslash\overline{X}),\mathbb{C})$ die Restriktion auf die Kohomologie des Randes der Borel-Serre Kompaktifizierung bezeichnet, und die cuspidale Kohomologie per definitionem ein Unterraum in $H^*(\Gamma(m),X;\mathbb{C})$ ist. Man weiß nun aus 7.6., daß

$$(2) \qquad H^3(\partial(\Gamma(m)\backslash\overline{X}),\mathbb{C}) \cong \bigoplus_{i=1}^{2} \operatorname{Ind}_{{}_fP_i}^{{}_fSL}[H^1_{cusp}(\Gamma(2,m),Z_{M_i};H^2(\underline{n}_i,\mathbb{C}))] \oplus \widetilde{St}$$

als ${}_fSL$-Modul gilt, und (nach 8.6.(5)) r^3 surjektiv ist resp.

$$(3) \quad H^2(\partial(\Gamma(m)\backslash\overline{X}),\mathbb{C}) \cong \bigoplus_{i=1}^{2} \operatorname{Ind}_{{}_fP_i}^{{}_fSL}[H^1_{cusp}(\Gamma(2,m),Z_{M_i};H^1(\underline{n}_i,\mathbb{C}))]$$

$$\oplus \bigoplus_{i=1}^{2} (\operatorname{Ind}_{{}_fP_i}^{{}_fSL}[H^0(\Gamma(2,m),Z_{M_i};H^2(\underline{n}_i,\mathbb{C}))] \oplus \operatorname{Ind}_{{}_fP_i}^{{}_fSL}[\varepsilon_i])$$

als ${}_fSL$-Modul gilt, und man $\dim \operatorname{Im} r^2 = 1/2 \dim H^2(\partial(\Gamma(m)\backslash\overline{X}),\mathbb{C})$ hat.

Wir betrachten nun zuerst den Grad 3. Der in 8.7. konstruierte Unterraum $H^3_{max}(\Gamma(m),X;\mathbb{C})$ von $H^3(\Gamma(m),X;\mathbb{C})$ wird nun unter r^3 isomorph auf den ersten Summanden der rechten Seite in (2) abgebildet. Der in 9.6. angegebene Unterraum $H^3_{min}(\Gamma(m),X;\mathbb{C})$ hat (wegen 8.2.(3)) trivialen Durchschnitt mit $H^3_{max}(\Gamma(m),X;\mathbb{C})$ und wird isomorph unter r^3 auf $\widetilde{St}$ abgebildet. Deshalb folgt aus (1) und (2), daß

$$H^3_{Eis}(\Gamma(m),X;\mathbb{C}) \quad := \quad H^3_{max}(\Gamma(m),X;\mathbb{C}) \oplus H^3_{min}(\Gamma(m),X,\mathbb{C})$$

ein natürliches Komplement zu $H^3_{cusp}(\Gamma(m),X,\mathbb{C})$ in $H^3(\Gamma(m),X;\mathbb{C})$ ist, das isomorph unter r^3 auf $H^3(\partial(\Gamma(m)\backslash\overline{X}),\mathbb{C})$ abgebildet wird. Im Grad 2 wird der in 9.7. konstruierte Unterraum $H^2_{min}(\Gamma(m),X;\mathbb{C})$ unter r^2 isomorph auf $\bigoplus_{i=1,2} \operatorname{Ind}_{{}_fP_i}^{{}_fSL}[H^0(\Gamma(2,m),Z_{M_i};H^2(\underline{n}_i,\mathbb{C}))]$ abgebildet. Man bemerke, daß dieser letzte ${}_fSL$-Modul wegen 9.4.(2) isomorph zu $\bigoplus_{i=1}^{2} \operatorname{Ind}_{{}_fP_i}^{{}_fSL}[\varepsilon_i]$ ist. Aus 8.7.,

(1) und (3) und dort insbesondere der Identität $\dim r^2 = 1/2 \dim H^2(\partial(\Gamma(m)\backslash\overline{X}),\mathbb{C})$ folgt nun wie oben, daß

$$H^2_{Eis}(\Gamma(m),X;\mathbb{C}) := H^2_{max}(\Gamma(m),X;\mathbb{C}) \oplus H^2_{min}(\Gamma(m),X;\mathbb{C})$$

ein natürliches Komplement zu $H^2_{cusp}(\Gamma(m),X;\mathbb{C})$ in $H^2(\Gamma(m),X,\mathbb{C})$ ist, das isomorph unter r^2 auf $\mathrm{Im}\, r^2$ abgebildet wird. Berücksichtigt man nun noch Bemerkung 9.9. über $H^o(\Gamma(m),X;\mathbb{C})$ so ergibt sich zusammenfassend:

9.11. THEOREM. Sei $\Gamma = \Gamma(m)$ die Kongruenzuntergruppe der Stufe m, $m \geq 3$, von $SL_3(\mathbb{Q})$; sei $X = SL_3(\mathbb{R})/SO(3)$ der zugehörige symmetrische Raum; mit $\Gamma\backslash\overline{X}$ werde die Borel-Serre Kompaktifizierung von $\Gamma\backslash X$ bezeichnet.

(1) Man hat eine Zerlegung der Kohomologie von Γ als direkte Summe

$$H^*(\Gamma,X;\mathbb{C}) = H^*_{cusp}(\Gamma,X;\mathbb{C}) \oplus H^*_{Eis}(\Gamma,X;\mathbb{C})$$

in die Spitzenkohomologie $H^*_{cusp}(\Gamma,X,\mathbb{C})$ und den Raum $H^*_{Eis}(\Gamma,X;\mathbb{C})$, der erzeugt wird durch entsprechend 8.2., 8.4., 9.6. - 9.9. konstruierte Eisensteinkohomologieklassen. Der Raum $H^*_{Eis}(\Gamma,X;\mathbb{C})$ wird isomorph unter der natürlichen Restriktion $r^* : H^*(\Gamma\backslash\overline{X},\mathbb{C}) \to H^*(\partial(\Gamma\backslash\overline{X}),\mathbb{C})$ auf das Bild von r^* abgebildet. Jede Klasse in $H^*(\Gamma,X;\mathbb{C})$ besitzt eine harmonische geschlossene Differentialform als Repräsentanten.

(2) Der Raum $H^*_{Eis}(\Gamma,X;\mathbb{C})$ zerlegt sich weiter als direkte Summe (cf. 8.7., resp. 9.6., 9.7.)

$$H^*_{Eis}(\Gamma,X;\mathbb{C}) = H^*_{max}(\Gamma,X;\mathbb{C}) \oplus H^*_{min}(\Gamma,X;\mathbb{C}) .$$

Dabei ist $H^q_{max}(\Gamma,X;\mathbb{C}) = 0$ für $q \neq 2,3$, und $H^q_{max}(\Gamma,X;\mathbb{C})$, $q = 2,3$ wird erzeugt von Klassen, die als Repräsentanten eine harmonische geschlossene Differentialform $E(\phi,\Lambda_o)$ (i.e. den Wert einer Eisensteinreihe mit $\Lambda_o = \rho_P$ für $q = 3$ resp. $\Lambda_o = 0$ für $q = 2$) besitzen, die einer cuspidalen Differentialform ϕ auf einer Seite $e'(P)$ im Rand $\partial(\Gamma\backslash\bar{X})$ von $\Gamma\backslash\bar{X}$ zugeordnet ist, wobei P eine maximal parabolische $\mathbb{Q}$-Untergruppe von $SL_3(\mathbb{R})$ ist.

Für $q \neq 0,2,3$ ist $H^q_{min}(\Gamma,X;\mathbb{C}) = 0$, für $H^o(\Gamma,X;\mathbb{C}) \cong \mathbb{C}$ siehe man 9.9. Der Raum $H^q_{min}(\Gamma,X;\mathbb{C})$, $q = 3$ resp. 2, wird erzeugt von Klassen, die als Repräsentanten eine harmonische geschlossene Differentialform $E(\phi_A,\rho)$ resp. $\mathrm{Res}_{\underline{r}_i} E(\phi_A,\rho)$ haben, die sich als Wert einer Eisensteinreihe resp. des Residuums einer Eisensteinreihe entlang der zugehörigen singulären Hyperfläche $\underline{r}_i = \{\Lambda \in \underline{a}^*_{o\mathbb{C}} \mid \Lambda(H_i) = 1\}$ nach 9.6., 9.7. ergeben. Dabei ist $E(\phi_A,\Lambda)$ einer Familie ϕ_A von Spitzenformen auf den Seiten in $\partial(\Gamma\backslash\bar{X})$ zugeordnet, die den Γ-Konjugationsklassen von minimal parabolischen $\mathbb{Q}$-Untergruppen von $SL_3(\mathbb{R})$ entsprechen.

KOROLLAR. Sei Γ eine arithmetisch definierte Untergruppe von $SL_3(\mathbb{Q})$. Dann kann jede Kohomologieklasse in $H^*(\Gamma,X;\mathbb{C})$ durch eine Differentialform repräsentiert werden, deren Koeffizientenfunktionen (cf. 1.3) automorphe Formen bezüglich Γ sind, i.e. die durch die natürliche Inklusion $\underline{A}(\Gamma,SL_3(\mathbb{R})) \to C^\infty(\Gamma\backslash SL_3(\mathbb{R}))$ induzierte Abbildung

$$H^*(\underline{s\ell}_3(\mathbb{R}),SO(3);\underline{A}(\Gamma,SL_3(\mathbb{R}))) \to H^*(\Gamma,X;\mathbb{C})$$

ist surjektiv.

Bemerkung: Aussagen über die Struktur von $H^*_{min}(\Gamma,X;\mathbb{C})$ resp. $H^*_{max}(\Gamma,X;\mathbb{C})$ und damit über die der Eisensteinkohomologie $H^*_{Eis}(\Gamma,X;\mathbb{C})$ als Modul unter der endlichen Gruppe ${}_fSL = \Gamma(m)\backslash SL_3(\mathbb{Z})$ lassen sich unmittelbar aus 9.6., 9.7. (und den Ergebnissen in 9.3., 9.4.) resp. wegen 8.7. aus den Untersuchungen von Hecke über die Bestimmung der $\Gamma(2,m)\backslash SL_2(\mathbb{Z})$-Modulstruktur des Raumes $S_2(\Gamma(2,m))$ der Spitzenformen vom Gewicht 2 bezüglich $\Gamma(2,m)$ ableiten (cf. auch 8.8.).

9.12. *Spitzenkohomologie.* Zu einer vorgegebenen Kongruenzuntergruppe $\Gamma = \Gamma(m)$ der Stufe m, $m \geq 3$, von $SL_3(\mathbb{Q})$ kann man auf Grund von 9.11. und 8.7. präzise Aussagen zur Dimension (resp. ${}_f SL$-Modulstruktur) der Eisensteinkohomologie $H^*_{Eis}(\Gamma, X; \mathbb{C})$ formulieren. Betrachtet man die analogen Fragen für die Spitzenkohomologie $H^*_{cusp}(\Gamma, X; \mathbb{C})$, so weiß man bisher nur, daß sie in vielen Fällen nicht verschwindet. Der Vollständigkeit halber geben wir das folgende Resultat an, das sich in [41] findet.

THEOREM. *Sei* $\Gamma(m)$ *die Kongruenzuntergruppe der Stufe* m, *wobei* m *eine Primzahl ist mit* $m \equiv 3 \bmod 8$ *und* $m \equiv -1 \bmod 3$. *Dann gilt für die Dimension der Spitzenkohomologie von* $\Gamma(m)$ *die Abschätzung*

$$\dim_{\mathbb{C}} H^q_{cusp}(\Gamma(m), X; \mathbb{C}) \geq m(m+1)$$

für $q = 2,3$. (*Man beachte, daß* $H^q_{cusp}(\Gamma, X; \mathbb{C}) = 0$ *für* $q \neq 2,3$ *und* $\Gamma \subset SL_3(\mathbb{Z})$ *eine Untergruppe von endlichem Index gilt*.)

Als leichte Folgerung erhält man

KOROLLAR. - *Sei* Γ *eine Untergruppe von endlichem Index in* $SL_3(\mathbb{Z})$, *und sei* n *eine natürliche Zahl. Dann existiert eine torsionsfreie Untergruppe* Γ' *von endlichem Index in* Γ *mit*

$$\dim_{\mathbb{C}} H^q_{cusp}(\Gamma', X; \mathbb{C}) \geq n \quad , \quad q = 2,3 \; .$$

LITERATUR

[1] J. Arthur - Eisenstein series and the trace formula. In: Automorphic forms, representations and L-functions, Proc. Symp. Pure Maths., vol. XXXIII, part 1, Providence 1979, 253 - 274.

[2] J. Arthur - On the inner product of truncated Eisenstein series, Duke Math. J. 49 (1982), 35 - 70.

[3] A. Ash - Cuspidal cohomology of congruence subgroups of $SL_3(\mathbb{Z})$, preprint 1980.

[4] H. Bass, J. Milnor, J. P. Serre - Solution of the congruence subgroup problem for $SL_n (n \geq 3)$ and $Sp_{2n} (n \geq 2)$, Publ. Math. I.H.E.S. 33 (1967), 59 - 137.

[5] V. Bargmann - Irreducible unitary representations of the Lorentz group, Ann. of Math. 48 (1947), 568 - 640.

[6] A. Borel - Introduction to automorphic forms. In: Algebraic groups and discontinuous subgroups, Proc. Symp. Pure Maths., vol. IX, Providence 1966, 199 - 210.

[7] A. Borel - A spectral sequence for complex analytic bundles, Appendix in: F. Hirzebruch, Topological methods in algebraic geometry, 3. ed., Grundlehren d. math. Wiss., Bd. 59, Berlin, Heidelberg, New York 1966.

[8] A. Borel - Introduction aux groupes arithmétiques. Paris 1969.

[9] A. Borel - Cohomology of arithmetic groups. In: Proc. Int. Congress Math. Vancouver, vol. I, Vancouver 1974, 435 - 442.

[10] A. Borel - Stable real cohomology of arithmetic groups, Ann. scient. Éc. Norm. Sup., 4e série, t. 7 (1974), 235 - 272.

[11] A. Borel - Stable real cohomology of arithmetic groups II, In: Manifolds and Liegroups, J. Hano et al. ed., Progress in Maths., vol. 14, Boston - Basel - Stuttgart 1981, 21 - 55.

[12] A. Borel - Cohomologie de sous-groupes discrets et représentations de groupes semi-simples, Astérisque 32 - 33 (1976), 73 - 111.

[13] A. Borel - Stable and L^2-cohomology of arithmetic groups. Bull. A.M.S. (N.S.) 3 (1980), 1025 - 1027.

[14] A. Borel - Cohomology and spectrum of an arithmetic group, erscheint in: Proc. of the Conf. on Operator Algebras, Rumänien 1980.

[15] A. Borel, H. Garland - Laplacian and discrete spectrum of an arithmetic group, erscheint in: Amer. J. Math.

[16] A. Borel, H. Jacquet - Automorphic forms and automorphic representations. In: Automorphic forms, representations and L-functions, Proc. Symp. Pure Maths., vol XXXIII, part 1, Providence 1979, 189 - 202.

[17] A. Borel, J. P. Serre - Corners and arithmetic groups, Comm. Math. Helv. 48 (1973), 436 - 491.

[18] A. Borel, J. Tits - Groupes réductifs, Publ. Math. I.H.E.S. 27 (1965), 55 - 152.

[19] A. Borel, J. Tits - Compléments a l'article "Groupes réductifs", Publ. Math. I.H.E.S. 41 (1972), 253 - 276.

[20] A. Borel, N. Wallach - Continuous cohomology, discrete subgroups and representations of reductive groups, Annals of Math. Studies 94 , Princeton 1980.

[21] N. Bourbaki - Groupes et Algèbres de Lie, Chap. 7, 8. Paris 1975.

[22] H. Garland - The spectrum of noncompact G/Γ and the cohomology of arithmetic groups, Bull. A.M.S. 75 (1969), 807 - 811.

[23] I. M. Gelfand, M. I. Graev, I. Piatetski-Shapiro - Representation theory and automorphic functions, Philadelphia - London - Toronto 1969 (russ. Orig. Ausgabe, Moskau 1966).

[24] A. Guichardet - Cohomologie des groupes topologiques et des algèbres de Lie. Textes Mathematiques, Vol. 2, Paris 1980.

[25] G. Harder - On the cohomology of $SL_2(\mathcal{O})$, In: Lie groups and their representations, Proc. of the summer school on group representations, I. M. Gelfand ed., London 1975, 139 - 150.

[26] G. Harder - On the cohomology of discrete arithmetically defined groups, In: Proc. of the Int. Colloq. on Discrete Subgroups of Lie Groups and Appl. to Moduli (Bombay 1973), Oxford 1975, 129 - 160.

[27] G. Harder - Period integrals of cohomology classes which are represented by Eisenstein series. In: Automorphic forms, Representation Theory and Arithmetic (Bombay Colloq. 1979), Berlin - Heidelberg - New York 1981, 41 - 115.

[28] G. Harder - Period integrals of Eisenstein cohomology classes and special values of some L-functions. In: Number theory related to Fermat's last theorem, Ed. N. Koblitz, Progress in Maths., vol. 26, Stuttgart - Basel 1982, 103 - 142.

[29] Harish-Chandra - Automorphic forms on semisimple Lie groups. Lect. Notes in Maths. 62, Berlin - Heidelberg - New York 1968.

[30] Harish-Chandra - Discrete series for semisimple Lie groups II. Acta Math. 116 (1966), 1 - 111.

[31] Harish-Chandra - Representations of semi-simple Lie groups I, Trans. Amer. Math. Soc. 75 (1953), 185 - 243.

[32] A. W. Knapp - Representations of $GL_2(\mathbb{R})$ and $GL_2(\mathbb{C})$. In: Automorphic forms, representations and L-functions, Proc. Symp. Pure Maths., vol. XXXIII, part 1, Providence 1979, 87 - 92.

[33] A. W. Knapp, G. Zuckerman - Classification theorems for representations of semisimple Lie groups. In: Non-Commutative Harmonic Analysis, Lect. Notes in Maths. 587, Berlin - Heidelberg - New York 1977, 138 - 159.

[34] B. Kostant - Lie algebra cohomology and the generalized Borel-Weil theorem, Ann. of Math. 74 (1961), 329 - 387.

[35] S. Lang - $SL_2(\mathbb{R})$, Reading 1975.

[36] R. P. Langlands - Eisenstein series. In: Algebraic groups and discontinuous subgroups, Proc. Symp. Pure Maths., vol IX, Providence 1966, 235 - 252.

[37] R. P. Langlands - On the functional equations satisfied by Eisenstein series, Lect. Notes in Maths. 544, Berlin - Heidelberg - New York 1976.

[38] R. P. Langlands - Modular forms and ℓ-adic representations. In: Modular Functions of One Variable II, Lect. Notes in Maths. 349, Berlin - Heidelberg - New York 1973, 361 - 500.

[39] R. P. Langlands - On the classification of irreducible representations of real algebraic groups, mimeographed notes, Institute for Advanced Study, Princeton 1973.

[40] R. Lee, J. Schwermer - Cohomology of arithmetic subgroups of SL_3 at infinity, Journal f. d. reine u. angewandte Math. 330 (1982), 100 - 131.

[41] R. Lee, J. Schwermer - The Lefschetz number of an involution on the space of harmonic cusp forms of SL_3, erscheint in: Inv. Math.

[42] J. Lepowsky - Algebraic results on representations of semisimple Lie groups, Trans. Amer. Math. Soc. 176. (1973), 1 - 44.

[43] Y. Matsushima, S. Murakami - On vector bundle valued harmonic forms and automorphic forms on symmetric Riemannian manifolds, Ann. of Math. 78 (1963), 365 - 416.

[44] H. Minkowski - Gesammelte Abhandlungen I. Leipzig - Berlin 1911.

[45] K. Nomizu - On the cohomology of compact homogeneous spaces of nilpotent Lie groups, Ann. of Math. 59 (1954), 531 - 538.

[46] M. S. Osborne, G. Warner - The theory of Eisenstein systems, New York 1981.

[47] G. de Rham - Varietés différentiables, Paris 1955.

[48] J. Schwermer - Sur la cohomologie des sous-groupes de congruence de $SL_3(\mathbb{Z})$, C. R. Acad. Sc. Paris, 283, série A (1976), 817 - 820.

[49] J. Schwermer - Eisensteinreihen und die Kohomologie von Kongruenzuntergruppen von $SL_n(\mathbb{Z})$, Bonner Math. Schriften, n° 99, Bonn 1977.

[50] J. Schwermer - Sur la cohomologie de $SL_n(\mathbb{Z})$ à l'infini et les séries d'Eisenstein, C. R. Acad. Sc. Paris, 289, sêrie A (1979), 413 - 416.

[51] A. Selberg - On discontinuous groups in higher-dimensional symmetric spaces. In: Contributions to function theory, Bombay 1960, 147 - 164.

[52] A. Selberg - Discontinuous groups and harmonic analysis, In: Proc. Int. Congress of Mathematicians (Stockholm 1962), Djursholm 1963.

[53] J. P. Serre - Representations linéaires des groupes finis, Paris 1967.

[54] J. P. Serre - Cohomologie des groupes discrets. In: Prospects in Mathematics, Annals of Math. Studies 70, Princeton 1971, 77 - 169.

[55] G. Shimura - Introduction to the arithmetic theory of automorphic functions, Publ. Math. Soc. Japan 11, Princeton 1971.

[56] C. Soulé - The cohomology of $SL_3(\mathbb{Z})$, Topology 17 (1978), 1 - 22.

[57] B. Speh - The unitary dual of $GL_3(\mathbb{R})$ and $GL_4(\mathbb{R})$, Math. Ann. 258 (1981), 113 - 133.

[58] B. Speh - Unitary representations of $GL_n(\mathbb{R})$ with non-trivial $(\mathfrak{g},K)$-cohomology, preprint 1981.

[59] W. T. van Est - A generalization of the Cartan-Leray spectral sequence, Nederl. Akad. Wetensch. Proc. Ser. A (= Indag. Math.) 20 (1958), 399 - 413.

[60] D. Vogan, Jr. - Representations of real reductive Lie groups, Progress in Maths., Vol. 15, Boston - Basel - Stuttgart 1981.

[61] N. Wallach - On the constant term of a square integrable automorphic form, erscheint in: Proc. of the Conf. on Operator Algebras, Rumänien 1980.

[62] N. Wallach - Square integrable automorphic forms and cohomology of arithmetic quotients of $SU(p,q)$, preprint 1981.

[63] N. Wallach - Representations of reductive Lie groups, In: Automorphic forms, representations and L-functions, Proc. Symp. Pure Math., vol. XXXIII, part 1, Providence 1979, 71 - 86.

[64] G. Warner - Harmonic Analysis on semi-simple Lie groups I, Grundlehren d. math. Wiss. 188, Berlin - Heidelberg - New York.

[65] G. Zuckerman - Continuous cohomology and unitary representations of real reductive groups, Ann. of Math. 107 (1978), 495 - 516.

SACHREGISTER

Vol. 845: A. Tannenbaum, Invariance and System Theory: Algebraic and Geometric Aspects. X, 161 pages. 1981.

Vol. 846: Ordinary and Partial Differential Equations, Proceedings. Edited by W. N. Everitt and B. D. Sleeman. XIV, 384 pages. 1981.

Vol. 847: U. Koschorke, Vector Fields and Other Vector Bundle Morphisms – A Singularity Approach. IV, 304 pages. 1981.

Vol. 848: Algebra, Carbondale 1980. Proceedings. Ed. by R. K. Amayo. VI, 298 pages. 1981.

Vol. 849: P. Major, Multiple Wiener-Itô Integrals. VII, 127 pages. 1981.

Vol. 850: Séminaire de Probabilités XV. 1979/80. Avec table générale des exposés de 1966/67 à 1978/79. Edited by J. Azéma and M. Yor. IV, 704 pages. 1981.

Vol. 851: Stochastic Integrals. Proceedings, 1980. Edited by D. Williams. IX, 540 pages. 1981.

Vol. 852: L. Schwartz, Geometry and Probability in Banach Spaces. X, 101 pages. 1981.

Vol. 853: N. Boboc, G. Bucur, A. Cornea, Order and Convexity in Potential Theory: H-Cones. IV, 286 pages. 1981.

Vol. 854: Algebraic K-Theory. Evanston 1980. Proceedings. Edited by E. M. Friedlander and M. R. Stein. V, 517 pages. 1981.

Vol. 855: Semigroups. Proceedings 1978. Edited by H. Jürgensen, M. Petrich and H. J. Weinert. V, 221 pages. 1981.

Vol. 856: R. Lascar, Propagation des Singularités des Solutions d'Equations Pseudo-Différentielles à Caractéristiques de Multiplicités Variables. VIII, 237 pages. 1981.

Vol. 857: M. Miyanishi. Non-complete Algebraic Surfaces. XVIII, 244 pages. 1981.

Vol. 858: E. A. Coddington, H. S. V. de Snoo: Regular Boundary Value Problems Associated with Pairs of Ordinary Differential Expressions. V, 225 pages. 1981.

Vol. 859: Logic Year 1979–80. Proceedings. Edited by M. Lerman, J. Schmerl and R. Soare. VIII, 326 pages. 1981.

Vol. 860: Probability in Banach Spaces III. Proceedings, 1980. Edited by A. Beck. VI, 329 pages. 1981.

Vol. 861: Analytical Methods in Probability Theory. Proceedings 1980. Edited by D. Dugué, E. Lukacs, V. K. Rohatgi. X, 183 pages. 1981.

Vol. 862: Algebraic Geometry. Proceedings 1980. Edited by A. Libgober and P. Wagreich. V, 281 pages. 1981.

Vol. 863: Processus Aléatoires à Deux Indices. Proceedings, 1980. Edited by H. Korezlioglu, G. Mazziotto and J. Szpirglas. V, 274 pages. 1981.

Vol. 864: Complex Analysis and Spectral Theory. Proceedings, 1979/80. Edited by V. P. Havin and N. K. Nikol'skii, VI, 480 pages. 1981.

Vol. 865: R. W. Bruggeman, Fourier Coefficients of Automorphic Forms. III, 201 pages. 1981.

Vol. 866: J.-M. Bismut, Mécanique Aléatoire. XVI, 563 pages. 1981.

Vol. 867: Séminaire d'Algèbre Paul Dubreil et Marie-Paule Malliavin. Proceedings, 1980. Edited by M.-P. Malliavin. V, 476 pages. 1981.

Vol. 868: Surfaces Algébriques. Proceedings 1976–78. Edited by J. Giraud, L. Illusie et M. Raynaud. V, 314 pages. 1981.

Vol. 869: A. V. Zelevinsky, Representations of Finite Classical Groups. IV, 184 pages. 1981.

Vol. 870: Shape Theory and Geometric Topology. Proceedings, 1981. Edited by S. Mardešić and J. Segal. V, 265 pages. 1981.

Vol. 871: Continuous Lattices. Proceedings, 1979. Edited by B. Banaschewski and R.-E. Hoffmann. X, 413 pages. 1981.

Vol. 872: Set Theory and Model Theory. Proceedings, 1979. Edited by R. B. Jensen and A. Prestel. V, 174 pages. 1981.

Vol. 873: Constructive Mathematics, Proceedings, 1980. Edited by F. Richman. VII, 347 pages. 1981.

Vol. 874: Abelian Group Theory. Proceedings, 1981. Edited by R. Göbel and E. Walker. XXI, 447 pages. 1981.

Vol. 875: H. Zieschang, Finite Groups of Mapping Classes of Surfaces. VIII, 340 pages. 1981.

Vol. 876: J. P. Bickel, N. El Karoui and M. Yor. Ecole d'Eté de Probabilités de Saint-Flour IX – 1979. Edited by P. L. Hennequin. XI, 280 pages. 1981.

Vol. 877: J. Erven, B.-J. Falkowski, Low Order Cohomology and Applications. VI, 126 pages. 1981.

Vol. 878: Numerical Solution of Nonlinear Equations. Proceedings, 1980. Edited by E. L. Allgower, K. Glashoff, and H.-O. Peitgen. XIV, 440 pages. 1981.

Vol. 879: V. V. Sazonov, Normal Approximation – Some Recent Advances. VII, 105 pages. 1981.

Vol. 880: Non Commutative Harmonic Analysis and Lie Groups. Proceedings, 1980. Edited by J. Carmona and M. Vergne. IV, 553 pages. 1981.

Vol. 881: R. Lutz, M. Goze, Nonstandard Analysis. XIV, 261 pages. 1981.

Vol. 882: Integral Representations and Applications. Proceedings, 1980. Edited by K. Roggenkamp. XII, 479 pages. 1981.

Vol. 883: Cylindric Set Algebras. By L. Henkin, J. D. Monk, A. Tarski, H. Andréka, and I. Németi. VII, 323 pages. 1981.

Vol. 884: Combinatorial Mathematics VIII. Proceedings, 1980. Edited by K. L. McAvaney. XIII, 359 pages. 1981.

Vol. 885: Combinatorics and Graph Theory. Edited by S. B. Rao. Proceedings, 1980. VII, 500 pages. 1981.

Vol. 886: Fixed Point Theory. Proceedings, 1980. Edited by E. Fadell and G. Fournier. XII, 511 pages. 1981.

Vol. 887: F. van Oystaeyen, A. Verschoren, Non-commutative Algebraic Geometry, VI, 404 pages. 1981.

Vol. 888: Padé Approximation and its Applications. Proceedings, 1980. Edited by M. G. de Bruin and H. van Rossum. VI, 383 pages. 1981.

Vol. 889: J. Bourgain, New Classes of $\mathcal{L}^p$-Spaces. V, 143 pages. 1981.

Vol. 890: Model Theory and Arithmetic. Proceedings, 1979/80. Edited by C. Berline, K. McAloon, and J.-P. Ressayre. VI, 306 pages. 1981.

Vol. 891: Logic Symposia, Hakone, 1979, 1980. Proceedings, 1979, 1980. Edited by G. H. Müller, G. Takeuti, and T. Tugué. XI, 394 pages. 1981.

Vol. 892: H. Cajar, Billingsley Dimension in Probability Spaces. III, 106 pages. 1981.

Vol. 893: Geometries and Groups. Proceedings. Edited by M. Aigner and D. Jungnickel. X, 250 pages. 1981.

Vol. 894: Geometry Symposium. Utrecht 1980, Proceedings. Edited by E. Looijenga, D. Siersma, and F. Takens. V, 153 pages. 1981.

Vol. 895: J.A. Hillman, Alexander Ideals of Links. V, 178 pages. 1981.

Vol. 896: B. Angéniol, Familles de Cycles Algébriques – Schéma de Chow. VI, 140 pages. 1981.

Vol. 897: W. Buchholz, S. Feferman, W. Pohlers, W. Sieg, Iterated Inductive Definitions and Subsystems of Analysis: Recent Proof-Theoretical Studies. V, 383 pages. 1981.

Vol. 898: Dynamical Systems and Turbulence, Warwick, 1980. Proceedings. Edited by D. Rand and L.-S. Young. VI, 390 pages. 1981.

Vol. 899: Analytic Number Theory. Proceedings, 1980. Edited by M.I. Knopp. X, 478 pages. 1981.

Vol. 900: P. Deligne, J. S. Milne, A. Ogus, and K.-Y. Shih, Hodge Cycles, Motives, and Shimura Varieties. V, 414 pages. 1982.

Vol. 901: Séminaire Bourbaki vol. 1980/81 Exposés 561–578. III, 299 pages. 1981.

Vol. 902: F. Dumortier, P.R. Rodrigues, and R. Roussarie, Germs of Diffeomorphisms in the Plane. IV, 197 pages. 1981.

Vol. 903: Representations of Algebras. Proceedings, 1980. Edited by M. Auslander and E. Lluis. XV, 371 pages. 1981.

Vol. 904: K. Donner, Extension of Positive Operators and Korovkin Theorems. XII, 182 pages. 1982.

Vol. 905: Differential Geometric Methods in Mathematical Physics. Proceedings, 1980. Edited by H.-D. Doebner, S.J. Andersson, and H.R. Petry. VI, 309 pages. 1982.

Vol. 906: Séminaire de Théorie du Potentiel, Paris, No. 6. Proceedings. Edité par F. Hirsch et G. Mokobodzki. IV, 328 pages. 1982.

Vol. 907: P. Schenzel, Dualisierende Komplexe in der lokalen Algebra und Buchsbaum-Ringe. VII, 161 Seiten. 1982.

Vol. 908: Harmonic Analysis. Proceedings, 1981. Edited by F. Ricci and G. Weiss. V, 325 pages. 1982.

Vol. 909: Numerical Analysis. Proceedings, 1981. Edited by J.P. Hennart. VII, 247 pages. 1982.

Vol. 910: S.S. Abhyankar, Weighted Expansions for Canonical Desingularization. VII, 236 pages. 1982.

Vol. 911: O.G. Jørsboe, L. Mejlbro, The Carleson-Hunt Theorem on Fourier Series. IV, 123 pages. 1982.

Vol. 912: Numerical Analysis. Proceedings, 1981. Edited by G. A. Watson. XIII, 245 pages. 1982.

Vol. 913: O. Tammi, Extremum Problems for Bounded Univalent Functions II. VI, 168 pages. 1982.

Vol. 914: M. L. Warshauer, The Witt Group of Degree k Maps and Asymmetric Inner Product Spaces. IV, 269 pages. 1982.

Vol. 915: Categorical Aspects of Topology and Analysis. Proceedings, 1981. Edited by B. Banaschewski. XI, 385 pages. 1982.

Vol. 916: K.-U. Grusa, Zweidimensionale, interpolierende Lg-Splines und ihre Anwendungen. VIII, 238 Seiten. 1982.

Vol. 917: Brauer Groups in Ring Theory and Algebraic Geometry. Proceedings, 1981. Edited by F. van Oystaeyen and A. Verschoren. VIII, 300 pages. 1982.

Vol. 918: Z. Semadeni, Schauder Bases in Banach Spaces of Continuous Functions. V, 136 pages. 1982.

Vol. 919: Séminaire Pierre Lelong – Henri Skoda (Analyse) Années 1980/81 et Colloque de Wimereux, Mai 1981. Proceedings. Edité par P. Lelong et H. Skoda. VII, 383 pages. 1982.

Vol. 920: Séminaire de Probabilités XVI, 1980/81. Proceedings. Edité par J. Azéma et M. Yor. V, 622 pages. 1982.

Vol. 921: Séminaire de Probabilités XVI, 1980/81. Supplément: Géométrie Différentielle Stochastique. Proceedings. Edité par J. Azéma et M. Yor. III, 285 pages. 1982.

Vol. 922: B. Dacorogna, Weak Continuity and Weak Lower Semicontinuity of Non-Linear Functionals. V, 120 pages. 1982.

Vol. 923: Functional Analysis in Markov Processes. Proceedings, 1981. Edited by M. Fukushima. V, 307 pages. 1982.

Vol. 924: Séminaire d'Algèbre Paul Dubreil et Marie-Paule Malliavin. Proceedings, 1981. Edité par M.-P. Malliavin. V, 461 pages. 1982.

Vol. 925: The Riemann Problem, Complete Integrability and Arithmetic Applications. Proceedings, 1979-1980. Edited by D. Chudnovsky and G. Chudnovsky. VI, 373 pages. 1982.

Vol. 926: Geometric Techniques in Gauge Theories. Proceedings, 1981. Edited by R. Martini and E.M.de Jager. IX, 219 pages. 1982.

Vol. 927: Y. Z. Flicker, The Trace Formula and Base Change for GL (3). XII, 204 pages. 1982.

Vol. 928: Probability Measures on Groups. Proceedings 1981. Edited by H. Heyer. X, 477 pages. 1982.

Vol. 929: Ecole d'Eté de Probabilités de Saint-Flour X – 1980. Proceedings, 1980. Edited by P.L. Hennequin. X, 313 pages. 1982.

Vol. 930: P. Berthelot, L. Breen, et W. Messing, Théorie de Dieudonné Cristalline II. XI, 261 pages. 1982.

Vol. 931: D.M. Arnold, Finite Rank Torsion Free Abelian Groups and Rings. VII, 191 pages. 1982.

Vol. 932: Analytic Theory of Continued Fractions. Proceedings, 1981. Edited by W.B. Jones, W.J. Thron, and H. Waadeland. VI, 240 pages. 1982.

Vol. 933: Lie Algebras and Related Topics. Proceedings, 1981. Edited by D. Winter. VI, 236 pages. 1982.

Vol. 934: M. Sakai, Quadrature Domains. IV, 133 pages. 1982.

Vol. 935: R. Sot, Simple Morphisms in Algebraic Geometry. IV, 146 pages. 1982.

Vol. 936: S.M. Khaleelulla, Counterexamples in Topological Vector Spaces. XXI, 179 pages. 1982.

Vol. 937: E. Combet, Intégrales Exponentielles. VIII, 114 pages. 1982.

Vol. 938: Number Theory. Proceedings, 1981. Edited by K. Alladi. IX, 177 pages. 1982.

Vol. 939: Martingale Theory in Harmonic Analysis and Banach Spaces. Proceedings, 1981. Edited by J.-A. Chao and W.A. Woyczyński. VIII, 225 pages. 1982.

Vol. 940: S. Shelah, Proper Forcing. XXIX, 496 pages. 1982.

Vol. 941: A. Legrand, Homotopie des Espaces de Sections. VII, 132 pages. 1982.

Vol. 942: Theory and Applications of Singular Perturbations. Proceedings, 1981. Edited by W. Eckhaus and E.M. de Jager. V, 363 pages. 1982.

Vol. 943: V. Ancona, G. Tomassini, Modifications Analytiques. IV, 120 pages. 1982.

Vol. 944: Representations of Algebras. Workshop Proceedings, 1980. Edited by M. Auslander and E. Lluis. V, 258 pages. 1982.

Vol. 945: Measure Theory. Oberwolfach 1981, Proceedings. Edited by D. Kölzow and D. Maharam-Stone. XV, 431 pages. 1982.

Vol. 946: N. Spaltenstein, Classes Unipotentes et Sous-groupes de Borel. IX, 259 pages. 1982.

Vol. 947: Algebraic Threefolds. Proceedings, 1981. Edited by A. Conte. VII, 315 pages. 1982.

Vol. 948: Functional Analysis. Proceedings, 1981. Edited by D. Butković, H. Kraljević, and S. Kurepa. X, 239 pages. 1982.

Vol. 949: Harmonic Maps. Proceedings, 1980. Edited by R.J. Knill, M. Kalka and H.C.J. Sealey. V, 158 pages. 1982.

Vol. 950: Complex Analysis. Proceedings, 1980. Edited by J. Eells. IV, 428 pages. 1982.

Vol. 951: Advances in Non-Commutative Ring Theory. Proceedings, 1981. Edited by P.J. Fleury. V, 142 pages. 1982.

Vol. 952: Combinatorial Mathematics IX. Proceedings, 1981. Edited by E. Billington, S. Oates-Williams, and A.P. Street. XI, 443 pages. 1982.

Vol. 953: Iterative Solution of Nonlinear Systems of Equations. Proceedings, 1982. Edited by R. Ansorge, Th. Meis, and W. Törnig. VII, 202 pages. 1982.